나무수업

일러두기

1. 저자 주는 후주로, 옮긴이 주는 각주로 처리했다.
2. 본문에 나오는 나무나 곤충 등의 번역어가 없는 경우 원서의 명칭을 번역하고 학명을 병기했다.

따로 또 같이 살기를 배우다

페터 볼레벤 Peter Wohlleben 지음
장혜경 옮김

위즈덤하우스

차례

머리말

처음 산림경영지도원이 되었을 당시 나무에 대한 나의 지식은 아마 정육점 주인이 소의 감정에 대해 아는 것보다도 더 적었을 것이다. 현대의 산림 경영은 목재 생산에 주안점을 둔다. 그러다 보니 나무를 베고 그 자리에 다시 새 묘목을 심는 일에만 열중한다. 산림 경영 관련 전문 잡지를 살짝이라도 뒤적여 본 사람이라면 금세 깨달을 수 있을 것이다. 숲의 건강을 염려하는 그들의 마음은 오직 최고의 실적, 최고의 영리에만 초점이 맞추어져 있다는 것을 말이다. 산림경영지도원의 일상 역시 이런 목표에 좌우되고, 그렇게 하루 이틀 나이를 먹다 보면 자신도 모르게 나무를 바라보는 시선이 왜곡된다. 나 역시 다르지 않았다. 매일 수천 그루의 가문비나무와 너도밤나무와 참나무와 소나무를 바라보며 '이것들을 어디에 써먹어야 할까', '이것들의 상품 가치는 얼마나 될까'만 생각하며 살피는 사이 어느덧 나의 시각 역시 나무의 상품 가치라는 좁은 테두리 안에 갇히고 말았던 것이다.

그런데 20여 년 전 우연히 산림 관광 상품으로 서바이벌 트레이닝과 통나무집 투어를 기획한 적이 있었다. 그 상품들이 인기를 끌면서 나는 수목장 장지와 원시림 보호 구역에까지 관심을 갖게 되었다. 그리고 많은 관광객들과 이야기를 나누면서 비로소 숲을 바라보는 나의 눈도 제자리를 찾게 되었다. 휘고 옹이 진 나무를 만나면 관광객들은 탄성을 질렀다. 내 눈에는 아무런 상품 가치도 없는 하급 나무였는데 말이다. 그렇게 나는 그들과 함께 나무의 몸통과 그것의 품질만 따지던 습관을 버리고 괴상한 모습으로 얽힌 뿌리, 특이한 모양의 나뭇가지, 나무껍질을 덮은 부드러운 이끼에도 눈길을 돌리게 되었다. 여섯 살 때 시작되었던 자연을 향한 나의 무한 애정이 다시금 활활 타올랐다. 그와 더불어 놀랍게도 말로는 설명할 수 없는 수많은 기적들이 갑자기 모습을 드러냈다. 때마침 아헨 공과대학Rheinisch-Westfälische Technische Hochschule Aachen이 내 관리 구역에서 정기 연구 활동을 시작했다. 그들의 의문점에 함께 답을 찾으면서 내 머릿속에도 온갖 질문이 떠올랐다. 산림경영지도원으로서의 삶도 다시금 활력을 찾았다. 숲에서 보내는 하루하루가 탐험의 여행이었다. 산림 경영에서는 배우지 못했던 따뜻한 마음과 배려를 배운 시간이었다. 나무도 아픔을 느끼고, 지난 일을 기억할 수 있으며, 나무의 부모도 자기 자식들을 돌보며 함께 산다는 사실을 아는 사람이라면 함부로 자식을 부모에게서 베어 버리거나 둘 사이를 기계로 마구 헤집지 못할 것이다. 내가 관리하는 구역에선 벌써 20년 전부터 이런 행위들을 금지했다. 나무를 꼭 자를 일이 있으면 일꾼들이 말을 데리고 들어가 아주 조심조심 작업을 한다. 건강한 숲, 행복한 숲이 생산성도 더 높다. 다시 말해 돈도 더 많이 벌어다 준다. 다행스럽게도 나의 고용주인 휨멜 조합Gemeinde Hümmel은 이런 이치를 이해해 주었고, 그 결과 비록 정말 미미한 면적이지만 우리 조합이 관리하는 아이펠도르프Eifeldorf에선 앞으로도 다른 경영 방식은 절대 도입되지 않을 것이다. 숨을 쉬는 나무는 많은 비밀을 털어놓는다. 특별히 조성된 보호 구역에서 정말로 마음 편히 사는 나무들은 더욱더 그러하다. 앞으로도 나의 나무들은 내게 많은 교훈을 들려줄 테지만 지금껏 나뭇잎 지붕 아래서 내가 깨달은 것만 해도 예전이라면 꿈도 꾸지 못했을 사연들이 많다.

당신에게도 나무들이 전해 준 그 행복을 나누어 주고 싶다. 또 누가 알겠는가? 내 이야기를 들은 당신이 집 근처 숲을 거닐다가 나보다 더 큰 기적을 직접 목격할 수 있을지.

우정

몇 년 전 내가 관리하는 너도밤나무 보호 구역에서 이끼에 덮인 이상한 돌을 발견했다. 나중에 보니 벌써 몇 번이나 별생각 없이 지나쳤던 곳이었다. 그런데 그날은 유난히 그 돌이 눈에 띄었던지 나는 나도 모르게 걸음을 멈추고 허리를 굽혔다. 자세히 보니 모양도 이상하고 살짝 휜 데다 속이 텅 비어 있었다. 이끼를 살짝 들추었더니 그 밑에 나무껍질이 숨어 있었다. 그러니까 그 돌은 돌이 아니라 나이 많은 나무였던 것이다. 보통 너도밤나무 껍질이 그런 식으로 이끼에 덮혀 있으면 몇 년도 못 가 썩고 만다. 그런데 이 껍질은 놀라울 정도로 단단했다. 게다가 아무리 용을 써서 잡아당겨도 땅에 찰싹 붙어서 도무지 떨어지지 않았다. 주머니칼을 꺼내 조심조심 밑을 파 보니 초록색 층이 나왔다. 초록색? 초록은 신선한 나뭇잎의 엽록소나 살아 있는 나무줄기에 저장된 영양분에서밖에 볼 수 없는 색깔이다. 그 말은 곧 이 나뭇조각이 아직 죽지 않았다는 뜻이다. 가만히 주변을 살펴보니 그 '돌'을 중심으로 직경 1.5미터 정도 되는 원이 머릿속에 그려졌다. 그러니까 그 돌은 수령이 오래된 아주 큰 나무 그루터기의 자투리였던 것이다. 속은 오래전에 완전히 썩어 부식토가 되었지만 테두리는 아직 온전히 남아 있었다. 원의 직경으로 미루어 나무의 나이가 족히 400~500년은 된 것 같았다. 그런데 산 나무의 자투리가 어떻게 이렇게 오랜 세월 생명을 유지할 수 있었을까? 세포는 당의 형태를 갖춘 영양분을 소비한다. 또 호흡도 해야 하고 아무리 조금이라도 성장을 해야 한다. 잎이 없다면, 광합성을 못한다면 불가능한 일들이다. 지구상의 어떤 생물도 이렇듯 수백 년에 이르는 굶주림을 견딜 수는 없다. 나무도 마찬가지다. 적어도 혼자 살아가는 나무 그루터기라면 말이다. 하지만 이 나무는 누가 봐도 달랐다. 뿌리를 통해 이웃 나무들의 지원을 받았던 것이다. 이런 이웃 간의 교류는 뿌리 끝을 감싸며 자라 그 뿌리의 영양 교환을 돕는 균류*를 통해 이루어지거나, 직접 서로의 뿌리가 뒤엉켜 하나의 뿌리처럼 결합하기 때문에 가능하다. 이 '돌'의 경우가 어느 쪽에 해당하는지는 알아낼 수 없었다. 억지로 뿌리를 파헤쳐 나무에 손상을 가하고 싶지 않았기 때문이다. 하지만 한 가지 사실은 분명했다. 그 나무를 둘러싼 주변의 너도밤나무들이 그것에게 당을 공급하여 그것의 생명을 유지해 주었다는 사실 말이다. 나무들은 뿌리를 통해 서로 연결되어 있다. 그 사실은 경사진 땅에서 우리 눈으로 직접 확인할 수 있다. 경사면에서는 비가 오면 흙이 씻겨 나가기 때문에 얽히고설킨 지하의 네트워크가 그대로 드러난다. 실제로 하르츠Harz 산지**를 연구하는 학자들은 같은 나무 종의 개체들이 대부분 그런 시스템을 통해 서로 연결되어 있다는 사실을 입증한 바 있다. 그런 네트워크를 통해 영양분을 나누고 이웃이 위험에 처할 때 도움을 준다고 말이다. 한마디로 숲은 개미 집단과 비슷한 슈퍼 유기체인 것이다.

물론 그건 지나친 결론이라고 의문을 제기할 사람들도 있을 것이다. 나무뿌리들이 아무렇게나 뻗어 나가다 보면 같은 종

---

* 엽록소가 없어 다른 유기물에 기생하여 생활하고 포자로 번식하는 하등식물. 세균류 · 점균류 · 버섯류 · 곰팡이류가 모두 이에 포함된다.

** 독일 중부 산지에 걸친 헤르시니아 습곡 산지.

의 나무도 만나게 되고 그래서 서로 얽히고설키게 마련이고, 또 그러다 보면 하는 수 없이 영양분도 교환하면서 일종의 사회 공동체를 형성하게 되지만, 그것은 그저 '기브 앤 테이크'일 뿐, 그 이상도 이하도 아니라고 말이다. 그런 메커니즘 자체는 숲의 생태계에 큰 득이 되지만 우리가 생각하는 것처럼 나무들의 적극적 상호 지원과 도움이 아니라 그냥 우연히 발생한 결과에 불과하다고.

그렇지 않다. 자연은 그렇게 단순하게 작동하지 않는다. 투린 대학Universität Turin의 마시모 마페이Massimo Maffei가 『막스 플랑크 연구*MaxPlanckForschung*』지(2007년 3월, 65쪽)에서 주장하였듯 식물들은, 그러니까 나무들 역시 자신의 뿌리를 다른 종의 뿌리와, 심지어 같은 종 다른 개체의 뿌리와도 구분할 줄 안다.

그렇다면 왜 나무들은 그런 사회적 존재가 되었을까? 왜 자신의 영양분을 다른 동료들과, 나아가 적이 될 수도 있는 다른 개체들과 나누는 것일까? 이유는 인간 사회와 똑같다. 함께하면 더 유리하기 때문이다. 나무 한 그루는 숲이 아니기에 그 지역만의 일정한 기후를 조성할 수 없고 비와 바람에 대책 없이 휘둘려야 한다. 하지만 함께하면 많은 나무가 모여 생태계를 형성할 수 있고 더위와 추위를 막으며 상당량의 물을 저장할 수 있고 습기를 유지할 수 있다. 그런 환경이 유지되어야 나무들이 안전하게, 오래오래 살 수 있다. 그런데 그러자면 어떤 대가를 치르더라도 공동체를 유지해야 한다. 모든 개체가 자신만 생각한다면 고목이 될 때까지 수명을 유지할 수 있는 나무가 몇 그루 안 될 것이다. 계속해서 옆에 살던 이웃이 죽어 나갈 것이고 숲에는 구멍이 뻥뻥 뚫릴 것이며 그 구멍을 통해 폭풍이 숲으로 밀고 들어와 다시 나무들을 쓰러뜨릴 것이다. 또 여름의 더위가 숲 바닥까지 침투하여 숲을 말려 죽일 것이다. 그럼 모두가 고통을 당할 것이다.

그러므로 모든 나무는 한 그루 한 그루 전부가 최대한 오래 살아남아 주어야 하는 소중한 공동체의 자산이다. 따라서 병이 든 개체가 있으면 지원을 해 주고 영양분을 공급하여 죽지 않게 보살펴야 한다. 지금 나의 도움을 받아 건강을 회복한 나무가 다음번에 내가 아플 때 나를 도와줄 수도 있다. 그래서 나는 은회색 아름드리 너도밤나무들을 보면 저절로 코끼리 떼가 떠오른다. 코끼리들도 서로를 보살핀다. 아프거나 허약한 동료가 다시 일어설 수 있게 도와주고 심지어 죽은 동료조차 함부로 내버리지 않는다.

모든 나무는 이런 공동체의 일원이다. 물론 차이는 있다. 대부분의 나무 그루터기는 홀로 썩다가 몇십 년 못 가 사라지고 만다. 앞에서 목격한 우리의 '이끼 낀 돌'처럼 그렇게 오랜 세월 생명을 유지하는 경우는 극소수다. 왜 그런 차이가 생기는 것일까? 나무들 사이에도 계층이 있는 것일까? '계층'이라는 말이 정확한 표현은 아니겠지만 아마도 그런 것 같다. 계층이라기보다는 결합의 정도, 애정의 강도가 다르다고 보는 것이 좋겠다. 그 강도에 따라 동료에게 도움을 줄지 말지를 결정하는 것이다. 고개를 들어 나무의 꼭대기를 한번 쳐다보라. 평범한 나무들은 가지를 키가 같은 이웃 나무의 가지 끝과 맞닿는 곳까지만 뻗는다. 그 이상은 뻗어 나가지 않는다. 두 가지가 맞닿아 공기와 빛의 공간이 이미 꽉 차 버렸기 때문이다. 반면에 나무가 서로 맞닿는 곳 가장자리의 가지들은 튼튼하기가 이를 데 없어, 누가 봐도 그 위에선 치열한 전투가 벌어지고 있다는 인상을 받는다. 하지만 진짜 친구들은 다르다. 애당초 상대가 있는 쪽으로는 너무 튼실한 가지를 만들지 않는다. 서로에게서 무엇이든 빼앗고 싶지 않기 때문이다. 굵은 가지로 뒤덮인 쪽은 바깥, 다시 말해 '친구가 아닌 나무'가 있는 쪽이다. 그런 친구 나무들은 뿌리를 통해 아주 긴밀히 결합되어 있기 때문에 심지어 한쪽이 죽으면 따라 죽기도 한다.

그루터기를 보살피는 정도의 깊은 우정은 자연의 숲에서만 목격되며 또 거의 모든 나무 종에서 나타나는 현상이다. 앞에서 예로 든 너도밤나무 말고도 참나무, 전나무, 가문비나무, 더글러스 소나무에서도 잘려 나간 나무의 그루터기가 아주 오랜 세월 살아남는 경우를 내 눈으로 목격한 적이 있다. 하지만 인공적으로 조성한 숲의 나무들은 우정을 모르는 거리의 아이들처럼 행동한다. 이식을 통해 뿌리가 지속적으로 손상되어 그런 네트워크를 조성하기가 힘들기 때문일 것이다. 인공 숲의 나무들은 외톨이들이다. 그래서 오래 살기가 힘들다. 하긴 오래 살 필요도 없다. 나무 종에 따라 다르겠지만 100년만 되어도 사람들이 목재로 쓰려고 베어 버릴 테니 말이다.

나무의 언어

흔히 언어는 인간만 지닌 표현의 능력이라고 생각한다. 실제로 말을 할 줄 아는 생명체는 우리 인간뿐이다. 그렇다면 나무는 자신의 마음을 표현할 줄 모를까? 혹시 나무에게도 표현할 수 있는 능력이 있는 것은 아닐까? 있다면 과연 어떤 능력일까? 어쨌거나 나무의 말을 우리 귀로 들을 수는 없다. 다들 워낙 과묵하셔서 통 말씀이 없으시니 말이다. 바람이 불면 가지가 삐걱거리고 잎이 쏴— 하기도 하지만 그건 바람에 의한 수동적 결과일 뿐 나무가 직접 내는 소리는 아니다.

나무는 다른 방식으로 자신을 알린다. 바로 향기다. 향기가 표현 수단이라고? 그렇다. 사실 향기는 우리 인간에게도 그리 낯선 방식은 아니다. 그렇지 않다면 무엇하러 사람들이 악취 제거제와 향수 제품을 쓰겠는가? 또 그런 제품이 아니라 해도 인간의 체취 자체가 다른 사람들의 의식과 무의식에 어느 정도 영향을 미친다. 물론 사람에 따라 냄새를 못 맡는 경우도 있겠지만 거꾸로 향기를 통해 강한 매력을 발산하는 사람들도 적지 않다. 학자들은 인간의 땀에 함유된 페로몬이 어떤 파트너를 고를지, 누구랑 같이 후손을 만들지를 결정한다고 주장한다. 이처럼 인간에게는 비밀의 향기 언어가 있다. 나무들 역시 그렇다. 40년 전 아프리카 사바나에서 나온 연구 결과가 바로 그 증거다. 아프리카의 기린은 우산 아카시아를 먹는다. 아카시아 입장에서 보면 이 대식가가 그야말로 불청객이다. 그래서 아카시아는 이 기린을 쫓아 버리기 위해 기린이 자신에게 입을 대자마자 곧바로 몇 분 안에 유독 물질을 잎으로 발송한다. 그럼 기린은 그 사실을 알아차리고 다른 나무에게로 뚜벅뚜벅 걸어간다. 그런데 희한하게도 바로 옆에 있는 나무를 먹지 않고 굳이 100미터나 뚝 떨어진 곳까지 걸어간 다음 다시 식사를 시작한다. 그 이유가 정말 재미있다. 잎을 뜯어 먹힌 아카시아는 경고의 가스(이 경우 에틸렌)를 방출하여 주변 동료들에게 여기 적이 왔다는 신호를 보낸다. 그 즉시 옆에 서 있던 나무들도 똑같은 유독 물질을 잎으로 내려보내 재앙을 방지한다. 기린은 이미 이런 시스템을 잘 알고 있고, 그래서 수고스럽지만 좀 떨어진 곳까지 가서 아직 경고를 받지 못한 나무의 잎을 뜯어 먹는 것이다. 혹은 바람의 반대 방향으로 가서 잎을 먹는다. 향기의 메시지는 공기를 타고 옆 나무로 전달되기 때문에 바람의 역방향으로 걸어가면 바로 옆에 있는 아카시아도 기린의 존재를 전혀 알아차리지 못한다.

꼭 아프리카까지 가지 않아도 된다. 우리의 숲에서도 그런 일들이 일어나고 있다. 너도밤나무, 가문비나무, 참나무도 누군가 자신의 잎을 갉아 먹으면 그 사실을 고통스럽게 인식한다. 그래서 예를 들어 애벌레가 맛나게 나뭇잎을 갉아 먹으면, 베어 먹힌 자리 주변 잎의 조직이 변한다. 나아가 나무도 부상을 당하면 인체처럼 전기 신호를 송출한다. 물론 상처를 입으면 수백만 분의 1초 안에 몸 전체로 통증 신호가 퍼져 나가는 인체와 달리 잎으로 전달되는 나무의 통증 전달 속도는 분당 겨우 1센티미터밖에 안 된다. 그래서 애벌레의 입맛을 망치는 방어 물질이 잎에 저장되기까지는 무려 한 시간이 걸린다.[1] 나무는 이렇게 느리다. 아무리 위험이 닥쳐도 그것이 나무가 낼 수 있는 최고 속도다. 비록 속도는 느리지만 나무의 각 부위는 서로 긴밀한 관계를 맺고 있다. 절대 따로 떨어져 독자적인 행동을 하지 않는다. 예를 들어 뿌리에 문제가 생기면 그 정보가 나무 전체로 퍼져 나가고, 나무는 잎을 통해 향기를 발산한다. 아무 향기나 발산하는 것이 아니라 그때그때의 목적에 맞는 특수 향기를 발산한다. 그래서 그 이후로는 같은 종의 애벌레가 다시 공격을 해 올 경우 곧바로 방어 태세에 돌입할 수 있다.

나무는 수많은 종류의 곤충을 인식한다. 애벌레 종마다 침의 성분이 다르기 때문에 그것을 이용해 애벌레의 종류를 구분할 수 있다. 그런 다음 유혹 물질을 뿜어내서 그 애벌레를 잡아먹는 천적을 끌어들인다. 애벌레의 천적은 나무가 뿜어내는 물질에 현혹당해 기쁜 마음으로 달려와 나무를 도와준다. 예를 들어 느릅나무와 소나무는 작은 말벌에게 호소한다.[2] 그럼 이 말벌이 달려와 나뭇잎을 갉아 먹는 애벌레의 몸에다 알을 낳고, 알에서 깨어난 말벌의 유충은 자라면서 애벌레의 속을 조금씩 갉아 먹는다. 아름다운 죽음은 아니지만 어쨌든 나무의 입장에서는 그 방법으로 귀찮은 기생충을 쫓아 버릴 수 있고 자신은 아무 탈 없이 쑥쑥 성장할 수 있다.

나무가 애벌레의 침을 구분한다는 것은 나무에게 또 다른 능력이 있다는 증거다. 즉 나무에게도 미각이 있다는 증거인 것이다.

향기는 바람이 불면 급격히 옅어진다는 단점이 있다. 그래서

100미터 밖에서는 그 향기를 전혀 맡을 수가 없다. 그럼에도 향기는 또 다른 목적을 달성한다. 나무 내부의 신호 전달이 워낙 느린 속도로 진행되기 때문에 공기를 이용하면 더 먼 거리에 더 신속하게 닿을 수 있고, 따라서 몇 미터 떨어진 자기 신체 일부에게 더 신속하게 경고를 전할 수 있는 것이다.

하긴 나무가 굳이 도움을 호소할 필요조차 없는 경우도 많다. 동물들 스스로가 나무의 화학적 메시지를 순식간에 알아차리기 때문이다. 그래서 만일 어떤 곤충이 나무를 괴롭힐 경우 그 곤충을 좋아하는 천적들의 입가에 절로 침이 고인다.

또 나무가 알아서 스스로 방어하는 경우도 있다. 참나무는 껍질과 잎으로 쓰디쓴 유독성 물질을 내보낸다. 심한 경우 그것을 먹은 곤충이 죽기도 하며, 그 정도는 아니라 해도 맛이 워낙 써서 곤충들이 우르르 도망을 가 버린다. 버드나무도 비슷한 작용을 하는 살리신을 만들어 낸다. 하지만 아무리 애를 써도 우리 인간에게는 안 통한다. 살리신이 두통과 열을 진정시키는 효과가 있기 때문에 예로부터 사람들은 아스피린의 대용으로 버드나무 껍질로 만든 차를 마셔 왔다.

하지만 이런 식의 자기방어는 시간이 많이 걸린다. 그래서 나무들은 서로 협력하는 방향으로 진화해 왔다. 무턱대고 바람만 믿을 수는 없다. 바람만 믿다가 혹여 방향이라도 틀리면 바로 옆에 있는 이웃에게도 경고 메시지를 전달할 수 없을 것이기 때문이다. 그보다는 뿌리를 이용하는 쪽이 훨씬 더 확실하다. 뿌리는 모든 개체들끼리 서로 연결되어 있고, 또 날씨와 관계없이 제 기능을 발휘하기 때문이다. 놀랍게도 나무의 메시지는 화학적으로만 전달되는 것이 아니다. 비록 1초당 1센티미터밖에 못 가지만 나무는 뿌리까지 메시지를 전달하기 위해 전기 신호도 활용한다. 인체에 비하면 무지막지하게 느린 속도이지만 동물의 세계에서도 굼벵이나 해파리 같은 종은 거의 나무와 비슷한 속도로 자극을 전달한다.[3] 새로운 소식이 전달되면 주변의 모든 참나무들이 혈관을 따라 쓰디쓴 물질을 뿜어낸다. 나무의 뿌리는 아주 멀리까지 뻗어 있다. 수관樹冠* 너비의 두 배까지 뻗어 나간다고 한다. 그러므로 지하에선 서로의 뿌리가 겹치게 되고, 그렇게 뒤엉켜 자라면서 상호 협력을 하는 것이다.

물론 모든 나무가 다 그런 건 아니다. 숲에도 동료들하고 전혀 안 어울리는 외톨이가 있다. 그럼 그런 외톨이들은 경고 신호를 전혀 듣지 못할까? 다행히 그렇지 않다. 숲에는 균류가 있어 메시지의 빠른 전달을 보장해 준다. 균류는 인터넷 광섬유 도체와 같은 역할을 한다. 얇은 선들이 지하로 뚫고 들어가

---

* 나무의 가지와 잎이 달려 있는 부분.

상상할 수 없는 밀도로 그곳을 꽉 채운다. 찻숟가락 하나 정도의 흙에 몇 킬로미터나 되는 길이의 균사가 들어 있다고 하니 말이다.[4] 그러니 균류 하나가 몇백 년이 흐르는 동안 몇 제곱킬로미터까지 뻗어 나가 온 숲을 네트워크화할 수 있는 것이다. 균류는 그런 선을 이용하여 한 나무의 신호를 다른 나무에게로 전달하고, 덕분에 나무들은 곤충이나 가뭄, 기타 위험의 정보를 서로 주고받을 수 있다. 어떤 학자들은 그것을 두고 숲을 관통하는 '월드 와이드 웹'이라고 부른다. 이런 식의 숲 속 교류가 어떻게, 얼마나 많이 이루어지는지는 아직까지 연구 중이지만 아마도 서로 다른 나무 종, 심지어 적이라 생각하는 종과도 교류가 있는 것 같다.

나무가 허약해지면 저항력만 떨어지는 것이 아니라 언어 능력도 떨어진다. 그렇지 않다면 곤충들이 허약한 나무만을 골라 그것을 집중 공격하는 이유를 설명하기 힘들다. 아마도 곤충들이 나무의 소리를 듣거나 나무의 화학적 경고 신호를 구분하여, 침묵하는 나무가 있으면 잎이나 껍질을 살짝 베어 물어 나무의 건강 여부를 테스트하는 것 같다. 나무의 침묵은 이처럼 심각한 질병 탓일 수도 있을 테지만 새 소식을 전해 주는 균류의 네트워크를 잃어버렸기 때문일 수도 있다. 그래서 다가오는 재앙을 전혀 감지하지 못하고 무방비 상태로 있다가 그만 곤충과 애벌레의 뷔페가 되어 버리는 것이다. 앞에서 설명한, 건강하지만 혼자여서 소식에 어두운 외톨이들이 곤충에게 취약한 이유다.

숲에는 나무들만 있는 것이 아니다. 잡목도 있고 풀도 있다. 그리고 그 모든 식물 종들이 그런 식의 상호 교류를 한다. 그런데 이상하게도 들판으로만 나가면 식물들이 정말로 과묵해진다. 경작 식물들은 인간의 보살핌을 받으면서 그런 식의 상호 협력 능력을 대부분 상실한다. 그래서 귀도 먹고 입도 막히고, 그로 인해 곤충의 쉬운 먹잇감이 된다.[5] 현대 농업이 과도한 농약을 필요로 하는 이유도 바로 그 때문이다. 앞으로 우리의 농업도 숲을 들여다보고 배워 밀과 감자에게 수다의 즐거움을 돌려줄 수 있다면 아마 들판도, 우리의 식탁도 훨씬 풍요롭고 행복해지지 않을까?

그러나 나무와 곤충의 커뮤니케이션이 꼭 방어와 질병 예방을 위한 것만은 아니다. 다들 이미 눈치 챘거나 냄새 맡았을 테지만 나무와 곤충은 서로 셀 수 없을 만큼 많은 긍정적 신호를 주고받는다. 가장 대표적인 것이 꽃에서 풍겨 나오는 향긋한 향기다. 꽃이 향기를 내뿜는 것은 우연의 결과도 아니고 우리 인간을 즐겁게 해 주려는 목적이 있어서도 아니다. 과일나무, 버드나무, 밤나무는 향기의 메시지로 벌의 관심을 유도한다.

내게로 와서 주린 배를 채우라는 유혹의 손길이다. 당도 높은 달콤한 꿀은 곤충이 자신도 모르게 가루받이를 해 주고 얻는 보너스다. 꽃의 형태와 색깔 역시 광고판과 마찬가지로 나무의 권태로운 초록 세상에서 남들보다 튀어 자신의 식당으로 벌들을 끌어모으기 위한 손짓이다. 이렇듯 나무는 후각으로, 청각으로, (뿌리 끝에 붙은 일종의 신경세포를 통해) 전기로 신호를 보낸다. 청각이라고? 그럼 나무가 들을 수 있고 말을 할 수 있다는 말인가?

앞에서 나는 나무들이 아주 과묵하다고 말했다. 그런데 최근의 한 연구 결과가 이런 나의 주장에 강한 의문을 제기하였다. 호주 웨스턴오스트레일리아 대학The University of Western Australia의 모니카 갈리아노Monica Gagliano 교수가 브리스톨 및 피렌체의 동료 교수들과 함께 땅바닥에서 나는 소리에 귀를 기울였다.[6] 큰 나무는 실험실에서 키우기가 현실적으로 힘들기 때문에 그들은 쉽게 옮길 수 있는 묘목으로 실험을 했다. 그랬더니 정말로 나무가 말을 했다. 뿌리에서 나는 주파수 220헤르츠의 나지막한 탁탁 소리를 측정기가 잡아낸 것이다. 탁탁 소리를 내는 뿌리라고? 그게 뭐가 그리 대수라고 호들갑인가? 죽은 나무도 불에 넣으면 타닥거리는 것을. 하지만 실험실에서 확인한 소리는 나무끼리도 서로 들을 수 있는 소리다. 측정기에 연결하지 않은 묘목의 뿌리도 그 소리를 듣고 반응을 보였기 때문이다. 220헤르츠의 탁탁 소리가 들릴 때마다 그 묘목의 뿌리 끝이 소리가 나는 방향으로 향했다. 그 말은 식물들이 그 주파수를 인식한다는, 다시 말해 '들을 수' 있다는 뜻이다. 우리 인간 역시 음파를 이용하여 소통하는 생명체인 만큼, 어쩌면 나무를 더 잘 이해할 수 있는 길이 여기에 있을지도 모르겠다. 잘하면 앞으로 주파수를 이용해 너도밤나무, 참나무, 가문비나무가 잘 사는지 못 사는지를 판단할 수 있을 테니 말이다. 물론 아직은 그 정도까지 기술이 발전하지는 못했다. 이 분야의 연구는 이제 막 시작된 걸음마 수준이다. 하지만 다음번에 숲을 거닐다가 나지막하게 타닥거리는 소리가 들리거든 잘 들어 보라. 어쩌면 바람 소리가 아니라 나무가 서로 사랑을 속삭이는 소리일지도 모르니….

사회 복지

집에 정원이 있는 내 주변 사람들은 나를 만날 때마다 자기 집 나무들이 너무 다닥다닥 붙어 있는 것이 아니냐고 걱정을 한다. 나무를 너무 붙여 놓으면 서로서로 빛과 물을 앗아 가서 모두가 제대로 자라지 못할 것이라고 생각하기 때문이다. 이런 우려는 현대 임업학이 퍼트린 분위기 탓이다. 현대 임업학의 목적은 나무줄기를 최대한 빨리 튼실하게 키워 목재로 사용할 수 있게 만드는 것이다. 그러자면 공간이 많이 필요하고 수관이 사방 어디서 보아도 골고루 둥글고 커야 하므로 5년에 한 번씩 정기적으로 주변 경쟁자들을 베어 내어 자리를 확보해 주어야 한다. 어차피 오래 살 것도 아니고 100년이면 제재소로 갈 운명이므로, 그런 정기 행사가 나무의 건강에 오히려 해가 된다는 사실을 거의 아무도 알아차리지 못한다. 해가 된다고? 왜? 주변에 귀찮은 경쟁자들이 없으면 수관이 받는 빛의 양도, 뿌리가 마시는 물의 양도 훨씬 더 많아질 텐데 왜 건강에 해가 된단 말인가? 다른 종의 나무가 주변에 있을 때는 사실상 제거해 주는 편이 좋다. 빛과 물 같은 자원을 두고 서로 경쟁을 벌일 테니 말이다. 하지만 같은 종의 나무라면 상황이 달라진다. 너도밤나무가 우정을 나눌 줄 알고 심지어 서로에게 영양분을 공급하기도 한다는 사실은 앞에서도 이미 말한 바 있다. 숲은 제아무리 허약한 구성원도 함부로 포기하거나 버리지 않는다. 만일 그럴 경우 숲에 뻥뻥 구멍이 뚫릴 것이고, 어스름한 빛과 높은 습도를 갖춘 예민한 숲의 기후가 그 구멍 탓에 순식간에 엉망이 되고 말 것이다. 숲의 보호가 필요 없다면 아마 모든 나무가 제멋대로 성장하고 제멋대로 살아갈 것이다. 하지만 숲의 필요성을 잘 아는 나무들은 공평한 분배와 정의를 매우 중요시한다. 아헨 공과대학의 바네사 부르셰Vanessa Bursche는 인간의 손길이 닿지 않은 너도밤나무 숲에서 광합성과 관련하여 매우 특별한 사실을 발견하였다. 모든 나무가 동일한 성과를 올리도록 나무들이 서로서로 보폭을 맞추는 것이다. 이것은 절대로 당연한 사실이 아니다. 실로 매우 놀랄 만한 사건이다. 모든 너도밤나무의 위치는 제각각이다. 다시 말해 너도밤나무가 서 있는 자리가 돌이 많은 땅일 수도 있고 부드러운 흙일 수도 있다. 물이 많을 수도, 물이 거의 없을 수도 있고, 영양분이 풍부할 수도, 정말로 황폐한 땅일 수도 있다. 불과 몇 미터 차이를 두고도 성장 조건이 천양지차로 달라질 수 있다. 당연히 조건에 따라 성장 속도도 달라질 것이며 만들어 내는 당분이나 목질의 양도 달라질 것이다. 그런 사실을 생각한다면 앞의 연구 결과는 더더욱 놀랄 일이 아닐 수 없다. 나무의 굵기는 달라도 모든 너도밤나무 동료들의 잎이 빛을 이용하여 생산하는 당의 양은 비슷비슷하다. 이런 균형과 조절은 지하에서 뿌리를 통해 일어난다. 그곳에서 활발한 교류가 일어나 많이 가진 자는 주고, 가난한 자는 친구의 도움을 받는다. 균류들 또한 거대한 네트워크를 이용하여 원활한 분배를 돕는다. 인간 사회의 복지 시스템이 생각나는 대목이다. 사회의 개별 구성원들이 너무 깊은 나락으로 추락하지는 않도록 막아 주는 사회 안전망 말이다.

그러므로 너도밤나무에게 너무 빽빽한 거리란 없다. 오히려 그 반대다. 다닥다닥 붙은 콩나물시루가 어쩌면 더 바람직한 성장 조건이다. 두 나무의 거리가 채 1미터가 안 되는 경우도 허다하다. 때문에 수관이 작고 모양도 찌그러졌다. 산림경영지도원들 중에도 나무를 그렇게 키우면 안 된다고 생각하는 사람들이 많다. 그래서 자기 눈에 쓸모없어 보이는 나무들을 베어 내어 나무 사이 간격을 최대한 벌려 준다. 하지만 뤼벡Lübeck의 산림경영지도원들이 발표한 연구 결과를 보면 빽빽한 너도밤나무 숲이 더 생산적이라고 한다. 그곳의 연간 생물량* 즉 목질의 증가 폭이 눈에 띄게 크다는 것은 그 숲이 건강하다는 증거다. 영양소와 물이 모두에게 최적으로 분배되어 모든 나무가 최고의 컨디션을 유지할 수 있는 것이다. 그런데 이런 숲에 인간이 '도움의 손길'을 뻗어 소위 경쟁자라고 생각되는 나무들을 뽑아 버리면 남은 나무들은 순식간에 외톨이가 된다. 이웃을 찾아 아무리 손을 뻗어도 손에 닿는 것은 죽어 가는 그루터기뿐일 것이다. 친구를 잃은 나무들은 결국 아무 계획도 없이 되는대로 살 것이고, 그 결과 생산성에서도 큰 차이를 보일 것이다. 광폭하게 광합성을 해 대는 바람에 당을 마구 분출하는 나무들도 적지 않을 것이다. 덕분에 남들보다 잘 자라고 건강할 테지만 그런 나무들은 보통 오래 살지 못한다. 한 나무의 삶은 그것을 둘러싼 숲의 삶만큼만 건강하기 때문이다. 그런데 이제 그 숲에 승자 못지않게 많은 패자들이 우글거린다. 예전

* biomass, 일정 지역 내의 동식물 등 모든 생물이 포함하고 있는 유기물의 총량을 말한다. 특히 식물체에 존재하는 유기물량을 식물량phytomass이라고 한다.

엔 건강한 동료들의 도움을 받던 허약한 나무들이 순식간에 구박덩어리가 되어 밀려난다. 그것들의 허약함은 영양이 부실한 입지 탓일 수도 있고 일시적으로 건강이 나빠졌거나 유전적 소인 탓일 수도 있다. 어쨌든 이제 이 허약한 나무들은 곤충과 균류의 손쉬운 먹잇감이 될 것이다. 그게 진화의 뜻이 아니냐고 물을 독자도 있을 것이다. 원래 진화란 최강자만 살아남는 적자생존의 현장이 아니냐고. 그 말을 들으면 나무들은 아마 머리를, 아니 수관을 절레절레 흔들 것이다. 나무의 건강은 공동체와 떼려야 뗄 수 없는 관계다. 힘없는 나무들이 사라지면 건강하던 다른 나무들도 힘을 잃는다. 그들만의 왕국이던 숲으로 뜨거운 햇볕과 사나운 바람이 밀고 들어와 촉촉하고 서늘하던 숲의 기후를 뒤바꾸어 버릴 테니 말이다. 튼튼하고 건강한 나무도 살다 보면 아플 때가 있다. 그럴 때는 약한 이웃도 큰 도움이 된다. 그런데 이런 지원과 도움이 완전히 사라질 테니, 거대한 나무가 별로 해롭지 않은 곤충 한 마리 때문에 쓰러지는 일도 허다할 것이다.

내가 이런 특별한 도움의 시발점이 된 일도 있었다. 산림경영지도원이 되고 얼마 되지 않아 나는 어린 너도밤나무들의 껍질을 벗기는 일을 했다. 나무의 껍질을 세로로 1미터쯤 벗겨내서 나무를 고사시키기 위한 목적이었다. 나무를 베지 않고 말려 죽여 그대로 숲에 방치하는 방식의 솎아베기 작업이었다. 나무는 그 자리에 있지만 이미 말라 죽었기 때문에, 잎으로 살아 있는 이웃 나무의 햇빛을 가리지도 못하고 이웃 나무가 마실 물을 빼앗지도 못하는 것이다. 너무 잔인하다고? 나도 그렇게 생각한다. 그런 식으로 껍질을 벗기면 나무는 몇 년에 걸쳐 아주 서서히 말라 죽는다. 고통도 그만큼 오래 지속될 것이다. 물론 요즘은 절대 그런 방식을 쓰지 않는다. 앞으로는 절대 쓰지 않으려 한다. 당시 나는 너도밤나무들이 살아남기 위해 얼마나 지독하게 투쟁하는지를 직접 보았다. 실제로 놀랍도록 많은 수의 개체가 지금까지 살아남았다. 일반적으로 그런 일은 불가능하다. 나무는 껍질이 없으면 잎의 당분을 뿌리로 보낼 수 없다. 그럼 뿌리가 굶주릴 것이고 기운이 없어 펌프질을 할 수 없을 것이며, 그럼 줄기를 통해 수관으로 올라오던 물줄기가 멈추어 나무가 말라 죽고 만다. 하지만 내 숲에선 많은 수의 개체가 그럭저럭 건강하게 살아남았다. 지금은 그 이유를 아주 잘 안다. 건강한 이웃들의 도움이 있었기에 그것들이 살아남았다는 것을. 이웃들이 뿌리가 주지 못하는 영양을 지하 네트워크를 통해 공급해 주었고 그로써 친구의 생존을 도왔다는 것을. 그중 상당수는 찢겨 나간 껍질을 새살로 뒤덮었다. 나도 인정한다. 내가 얼마나 무서운 짓을 저질렀는지. 지금도 당시의 현장이 눈에 들어올 때면 매번 부끄러움을 느낀다. 어쨌든 나는 그 사건으로 나무의 공동체가 얼마나 대단한지를 배웠다. 목걸이의 강도는 제일 약한 고리의 튼튼함에 달려 있다. 옛날 수공업자들 사이에서 떠돌던 이 속담은 어쩌면 나무가 만든 것인지도 모른다. 그 사실을 본능적으로 알기에 나무들은 조건 없이 서로를 돕는 것이다.

사랑

나무의 유유자적함은 가족계획이라고 해서 다를 것이 없다. 나무는 적어도 1년 전에는 미리 번식 계획을 세운다. 내년 봄에 어떤 나무가 사랑을 나눌지는 그 나무의 소속에 달려 있다. 침엽수들은 가능하면 해마다 씨앗을 떠나보내지만 활엽수들은 전혀 다른 전략을 구사하기 때문이다. 활엽수들은 꽃을 피우기 전에 먼저 전체 회의를 거쳐 서로의 뜻을 조율한다. 이듬해 봄에 꽃을 피우는 것이 나을까? 아니면 1~2년 더 기다리는 것이 나을까? 숲의 나무들은 모두가 동시에 꽃을 피우고 싶어 한다. 그래야 많은 개체의 유전자가 잘 섞일 수 있기 때문이다. 그건 침엽수도 마찬가지지만 활엽수는 여기에 한 가지 조건을 더 고려한다. 바로 멧돼지와 노루다. 이 동물들은 너도밤나무 열매와 도토리를 무지무지 좋아한다. 그 열매를 먹으면 살이 잘 찌므로 겨울 추위를 막아 줄 지방층을 두껍게 불릴 수 있다. 열매의 성분 중 최대 50퍼센트가 지방과 전분이기 때문이다. 아마 그보다 더 많은 지방과 전분의 함량을 자랑하는 먹잇감은 찾아보기 힘들 것이다. 그래서 멧돼지와 노루는 가을에 온 숲을 뛰어다니며 마지막 한 알까지 샅샅이 찾아 열매를 먹어 치운다. 나무 입장에선 죽을 둥 살 둥 자식을 낳았는데 이듬해 봄에 보니 살아남아 싹을 틔우는 놈이 한 놈도 없으니 이보다 더 억울할 수가 없다. 그래서 나무들이 머리를 맞대고 의논을 한다. 만일 해마다 꽃을 피우지 않으면 멧돼지와 노루도 그에 맞추어 행동할 것이다. 새끼를 밴 어미 짐승이 겨울에 양식도 없는 혹독한 시간을 버텨야 할 테니 태어나는 새끼의 숫자도 현저히 줄 것이고 어미의 숫자 역시 많이 줄 것이다. 그러다 마침내 모든 너도밤나무와 도토리나무가 한꺼번에 꽃을 피우고 열매를 맺으면 살아남은 동물의 숫자가 소수이다 보니 열매를 다 먹어 치우지 못할 것이고 미처 발견하지 못한 열매가 충분히 숲에 남았다가 이듬해 봄에 싹을 틔울 것이다. 그런 해에는 멧돼지도 다시 출산율을 높일 것이다. 겨우내 숲에 먹을 것이 풍성할 테니 말이다. 예전 사람들은 너도밤나무와 도토리가 꽃을 피우는 해를 일컬어 '비육의 해'라고 불렀다. 그런 해엔 집에서 키우는 멧돼지의 사촌, 집돼지까지 숲에 풀어 도토리를 마음껏 먹게 했다. 돼지를 잡기 전에 야생 나무 열매로 살을 찌워 제대로 된 비계를 만들겠다는 심산이었다. 보통 그 이듬해엔 멧돼지의 개체 수가 급격히 줄어든다. 나무가 다시 휴식을 취하여 숲이 텅 비어 버리기 때문이다.

이렇듯 몇 년의 간격을 두고 꽃을 피우는 나무의 행태는 곤충들, 특히 벌들에게도 심각한 결과를 초래한다. 벌도 멧돼지와 같은 수난을 겪게 되는 것이다. 몇 년의 휴식 기간 동안 벌의 개체 수는 급감한다. 그런데도 그러거나 말거나 나무는 벌에게 특별한 애정을 표하지 않는다. 이유는 진짜 숲의 나무들은 벌을 완전히 무시하기 때문이다. 수백 제곱킬로미터의 면적에 수억만 송이의 꽃을 피우는 데 기껏 그 몇 마리 벌 떼가 무슨 도움이 되겠는가? 그래서 나무는 벌이 아닌 다른 방법을 고민했다. 조금 더 믿을 수 있는, 공물을 바치지 않아도 되는 방법. 누가 봐도 적임자는 바람밖에 없다. 바람에게 도움을 청하는 것보다 더 좋은 방법이 어디 있겠나? 바람은 먼지처럼 미세한 꽃가루를 나무에게서 뜯어내어 이웃 나무에게로 옮겨 준다. 바람의 장점은 그뿐만이 아니다. 온도가 떨어져도, 벌이 얼어 죽을까 봐 두문불출하는 12도 이하의 날씨에도 바람은 꿋꿋하게 제 할 일을 해 준다. 이것이 아마 침엽수들까지도 같은 전략을 사용하는 이유일 것이다. 하긴 침엽수는 굳이 그럴 필요도 없다. 어차피 거의 해마다 꽃을 피우니까 말이다. 침엽수는 멧돼지를 겁낼 필요가 없다. 가문비나무 같은 침엽수들의 작은 열매는 전혀 매력적인 영양원이 아니다. 솔잣새처럼 힘센 부리 끝으로 솔방울을 비틀어 열어 그 안에 숨은 씨앗을 먹어 치우는 새들이 있기는 하지만 전체 양을 따져 볼 때 별 손실이 안 된다. 이렇듯 침엽수의 씨앗을 부지런히 모아 겨울 저장 식량으로 삼는 동물이 거의 없기 때문에 침엽수들은 안심하고 후손에게 헬리콥터 날개를 달아 저 멀리 띄워 보낸다. 씨앗은 천천히 가지에서 떨어지다가 바람에 떠밀려 멀리 날아간다. 어쨌거나 침엽수는 너도밤나무나 도토리나무가 하는 식의 휴식기를 둘 필요가 전혀 없다.

더구나 짝짓기에서만은 반드시 활엽수를 이기고 싶다는 듯 침엽수는 실로 엄청난 양의 꽃가루를 만들어 낸다. 어찌나 어마어마한지, 꽃이 핀 침엽수 숲에 살짝 미풍만 불어도 거대한 먼지구름이 일어 마치 수관 아래로 불길이 이글거리는 것 같다. 그런 장관을 볼 때면 어쩔 수 없이 의문이 밀려든다. 저렇게 엉망진창으로 뒤엉켜서 날아다니는데 근친상간을 피할 수 있을까? 나무들이 지금껏 생존한 것은 한 종 안에서도 엄청난 유전적 다양성을 과시하기 때문이다. 물론 모든 나무가 동시에 꽃가루를 뿌리면 모든 개체의 입자들이 뒤섞일 것이고 모든 나무의 수관으로 스며들 것이다. 하지만 결국엔 자기 나무줄기 주변으로 자기 꽃가루가 퍼질 확률이 높기 때문에 자신의 암꽃과 수정을 할 위험이 크다. 그런 위험을 피하기 위해 나무가 구사하는 전략은 다양하다. 가문비나무 같은 많은 종들은 시점을 조절한다. 수꽃과 암꽃이 며칠 간격을 두고 피어서 암꽃이 다른 개체의 꽃가루와 맺어지도록 하는 것이다. 곤충에게 의지하는 양벚나무에겐 그럴 가능성이 없다. 양벚나무는 암컷 생식기와 수컷 생식기가 한 꽃에 있다. 게다가 벌에게 수정을 맡기는 몇 안 되는 숲 나무 중 하나다. 그런데 벌은 한번 나무에 앉으면 체계적으로 수관 전체를 훑어 나가기 때문에 어쩔 수 없이 자기 꽃가루를 여기저기 뿌리게 된다. 하지만 양벚나무는 엄청 예민해서 근친상간의 위험이 닥치면 곧바로 알아차린다. 꽃가루의 부드러운 자루가 암술머리에 닿은 후 그 안으로 들어가 난세포 방향으로 커지려고 할 때 꽃가루를 테스트하는 것이다. 테스트 결과가 자기 것이면 꽃가루는 성장을 멈추고 구부러진다. 성공을 약속하는 남의 유전자만이 그 테스트를 통과하여 씨앗과 열매를 맺는다. 그런데 나무는 어떻게 내 것과 네 것을 구분할까? 그건 아직 학자들도 정확히 모른다. 분명한 것은 실제로 유전자가 활성화되어 서로 맞아떨어져야 한다는 것이다. 어쩌면 나무는 그것을 느낌으로 알 수 있는지도 모르겠다. 우리 인간의 경우도 육체적 사랑이 단순한 전달 물질의 배출 이상의 의미가 있지 않은가? 우리도 사랑을 나눌 때 물질 배출 이상의 느낌을 느끼지 않는가? 물론 짝짓기를 할 때 나무가 무엇을 느끼는지는 아직 알 수가 없다. 아마 앞으로도 오랜 세월 추측의 왕국에 남아 있을 것 같다.

대부분의 종은 자웅 이체雌雄異體의 방법으로 근친상간을 미연에 방지한다. 호랑버들의 경우가 대표적이다. 이 나무는 암나무와 수나무가 따로 있기 때문에 다른 나무와 번식을 할 수밖에 없다. 하지만 버드나무는 순수한 의미의 숲 나무가 아니다. 투철한 개척자 정신으로 아직 숲이 형성되지 않은 곳까지 사방팔방 퍼져 나가기 때문이다. 그런 땅엔 꽃을 피우는 잡초와 잡목이 수없이 많고, 이것들은 벌을 유혹하여 번식을 하기 때문에 버드나무 역시 벌에게 가루받이를 맡기는 짝짓기 전략을 선택했다. 그런데 그러다 보니 한 가지 문제가 염려스럽다. 수분이 되려면 벌이 먼저 수나무에게 날아갔다가 거기서 꽃가루를 몸에 묻혀 와 암나무에게 전달해야 한다. 순서가 바뀌면 말짱 도루묵이다. 암수가 동시에 꽃을 피우는데 과연 어떻게 해야 순서가 뒤바뀌지 않을까? 학자들이 연구를 해 보니 모든 버드나무는 벌을 유혹하는 유혹의 향기를 뿜어낸다. 그래서 일단 벌이 사정거리 안에 들어오면 이번에는 벌의 시각을 자극한다. 버드나무 수나무가 미상화서*로 용을 써서 자기 몸을 노란 형광색으로 빛나게 만든다. 그걸 보고 벌이 먼저 수나무에게로 달려든다. 그렇게 수나무에서 맛난 식사를 마친 벌은 그곳을 떠나 눈에 잘 띄지 않는 암나무의 푸른 꽃을 찾게 된다.[7]

물론 포유류 식의 근친상간, 그러니까 서로 친척인 집단 내에서 일어나는 근친상간은 이 세 경우 모두에서 가능하다. 바람과 벌의 공로 덕분이다. 바람과 벌은 둘 다 상당히 먼 거리도 건너뛰어 꽃가루를 날라 주기 때문에 적어도 일부의 나무는 먼 친척의 꽃가루를 얻어 지역 유전자 풀gene pool의 분위기를 쇄신할 수가 있다. 그러나 완전히 고립된 희귀종 집단의 경우 함께 모여 있는 개체 수가 워낙 적기 때문에 어쩔 수 없이 다양성을 상실하게 되고 그로 인해 점점 허약해지다가 결국 몇백 년 안에 지구에서 완전히 자취를 감추고 만다.

---

* 尾狀花序, 화축이 하늘로 향하지 않고 밑으로 처지는 꼬리 모양의 꽃차례.

나무들의 복권

나무는 균형 있는 삶을 산다. 모든 욕망을 골고루 충족하기 위해 에너지를 효율적으로 나누고 알뜰살뜰하게 살림을 꾸린다. 에너지의 일부는 성장에 투자한다. 나뭇가지의 길이를 늘이고 불어나는 머리의 무게를 버티기 위해 몸통을 살찌운다. 또 곤충이나 균류의 습격에 대비하여 약간의 에너지를 아껴 두어야 한다. 그래야 그것들이 침략했을 때 곧바로 대응하여 잎과 껍질의 방어 물질을 활성화시킬 수 있다. 마지막으로 번식이 남았다. 해마다 꽃을 피우는 종의 경우 에너지를 세심하게 안배하여 꽃을 피울 힘을 남겨 두어야 한다. 그런데 너도밤나무나 참나무처럼 3~5년에 한 번씩 꽃을 피우는 종은 꽃을 위해 에너지를 비축해야 한다는 생각을 미처 하지 못한다. 그래서 열심히 에너지를 다른 데에다 투자한다. 게다가 열매는 또 얼마나 많이 만드는지 모른다. 다른 건 깡그리 무시하고 오직 열매만 만들기로 작정한 식물처럼 무지막지한 양의 열매를 만들어댄다. 나뭇가지에 꽃이 필 자리를 확보할 때 문제는 시작된다. 원래 나뭇가지엔 꽃이 필 자리가 없다. 그래서 잎이 매달릴 자리에 대신 꽃을 피워야 한다. 그러다 보니 꽃이 시들어 떨어지고 나면 나무는 털 뽑힌 닭처럼 여기저기 쥐어뜯긴 꼬락서니가 된다. 그런 해의 숲 현황 보고서를 보면 영락없이 해당 나무 종의 수관이 성기다는 내용이 포함되어 있다. 더구나 모든 나무가 동시에 꽃을 피우기 때문에 그해 숲은 얼핏 보면 꼭 병들어 다 죽어 가는 형상이다.

하긴 아프지는 않아도 병에 취약하기는 하다. 꽃을 열심히 피우느라 남은 에너지를 다 퍼부어 버린 데다 꽃 때문에 잎의 숫자가 줄어들어 평년보다 생산할 수 있는 당분의 양도 적기 때문이다. 그마저 당분의 대부분이 기름과 지방으로 변해 씨앗에도 흘러 들어가기 때문에 나무 자신을 위해 쓸 수 있는 분량과 겨울 비축분은 거의 남지 않는다. 그러니 질병 예방에 필요한 에너지 비축은 아예 생각조차 할 수 없다.

자, 이제 자나 깨나 그런 순간만을 기다려 온 곤충이 어디 한 둘이겠는가. 길이가 2밀리미터밖에 안 되는 너도밤나무 벼룩 바구미도 그중 하나다. 놈은 이제 막 세상에 나온 저항력 없는 나뭇잎에 수십만 개의 알을 낳아 젖힌다. 그럼 알에서 깨어난 작은 유충들이 잎의 윗면과 아랫면 사이의 좁은 면을 파먹고 갈색 얼룩점을 남긴다. 성충이 된 바구미는 잎을 갉아 먹어 구멍을 내는데, 그 모양이 꼭 사냥꾼이 산탄총을 쏜 것 같다. 그래서 해충의 습격이 심한 해에는 멀리서 보면 나무들이 초록이 아닌 갈색으로 보인다. 보통은 나무도 적극 저항을 해서 나뭇잎의 맛을 망쳐 곤충들의 식사를 방해한다. 하지만 꽃을 피운 해에는 그럴 기력이 남아 있지 않아 아무리 해충들이 날뛰어도 묵묵히 참고 견디는 수밖에 도리가 없다. 건강한 개체들은 그래도 꿋꿋하게 버티고, 또 앞으로 당분간 꽃을 안 피워도 되니 휴식을 취할 수가 있다. 하지만 그전에 이미 골골하던 나무는 그런 무자비한 곤충의 습격을 이기지 못하고 결국 숨을 거두고 만다. 하지만 설사 자신이 죽을지도 모른다는 사실을 안다 해도 나무는 꽃을 피우지 않을 수 없다. 숲에서 거행되는 이 죽음의 결혼식에선 병이 깊은 개체일수록 더욱 열심히 꽃을 피운다. 아마 자신의 죽음으로 유전자가 완전히 소실되기 전에 한시바삐 번식을 하려는 다급한 마음 탓일 것이다. 폭염과 가뭄이 극심한 여름 역시 비슷한 효과를 불러온다. 그해에 생존의 극한으로 몰렸던 나무들이 이듬해 봄에 모두 함께 꽃을 피운다. 하지만 너도밤나무 열매와 도토리의 숫자를 보고 그해 겨울의 기후를 짐작할 수는 없다. 가을에 열매가 많다고 해서 그해 겨울이 혹독할 것이라는 예측을 할 수는 없다는 소리다. 꽃은 여름에 피는 것이므로 풍성한 열매는 다가올 겨울의 예고가 아닌 지나간 여름의 회고일 뿐이다.

떨어진 저항력은 가을에 다시 한 번 입증된다. 이번에는 씨앗이다. 너도밤나무 벼룩바구미는 씨방까지 뚫고 들어가기 때문에 나무에 열매가 달리긴 하지만 속을 들여다보면 텅 비어 있다. 나무들이 아무 가치도 없는 귀머거리 열매들만 만들어 내는 것이다.

나무에서 떨어진 씨앗은 나무 종에 따라 각자 나름의 전략을 구사하여 언제 발아할지를 결정한다. 언제 발아할지를 결정한다고? 왜? 축축하고 부드러운 흙에 떨어진 씨앗들은 봄이 되어 따스한 햇살이 비치면 동시에 싹을 틔운다. 하지만 무방비로 땅에 굴러다니는 씨앗에겐 하루하루가 위험천만이다. 봄이 오면 멧돼지와 노루도 식욕이 샘솟기 때문이다. 그러므로 너도밤나무나 도토리처럼 열매 크기가 큰 종들은 서둘러 행동에 돌입한다. 최대한 빨리 열매를 깨고 나와 노루에게 덜 매력적인 모습으로 탈바꿈하는 것이다. 사실 씨앗은 발아하는 것 말고는 달리 할 수 있는 일이 없기 때문에 균류와 박테리아에게 오랜 시간 저항할 수 있는 힘을 갖추지 못한다. 그래서 꼼지락거리다가 발아 시기를 놓치거나 심지어 여름까지도 변신을 못하고 굴러다니는 잠꾸러기들은 결국 썩고 만다. 하지만 그 이듬해, 아니 몇 년이 지나도 발아를 할 수 있는 종들이 있다. 짐승들에게 잡아먹힐 위험은 무척 높지만 그 못지않게 큰 장점이 있다. 비가 오지 않는 가문 봄에 발아한 씨앗은 말라 죽기 쉽다. 그러면 자손을 번식하기 위해 쏟아부은 나무의 노력이 몽땅 다 허사로 돌아간다. 또 씨앗이 자리 잡은 장소를 노루가 자기 구역으로 삼아 집중적으로 식량을 찾아다닐 수도 있다. 그럼 이제 막 피어난 부드러운 떡잎은 며칠 살지도 못하고 곧바로 노루의 위장으로 들어갈 것이다. 이럴 때 씨앗의 일부가 1년 후 혹은 몇 년 후에 발아를 한다면 어쨌든 그중 몇 개는 나무로 자랄 확률이 있을 것이다. 마가목이 바로 이런 번식 방식을 택한 나무다. 마가목의 씨앗은 최대 5년 동안 대기하다가 유리한 조건이 되면 언제든지 발아를 시작한다. 발아 전략도 전형적인 개척자 종답게 적극적이다. 너도밤나무 열매나 도토리는 항상 엄마 나무 밑에 떨어지기 때문에 예측 가능한 쾌적한 환경에서 성장한다. 하지만 작은 마가목 씨앗은 천지 사방으로 날아갈 수 있다.

떫은 열매를 먹은 새가 씨앗을 품은 똥을 어디다 싸느냐는 순전히 새 마음이기 때문이다. 씨앗이 떨어진 곳이 노지라면 선선하고 축축한 고목의 그늘에 떨어진 친구보다 훨씬 더 혹독한 폭염과 가뭄을 견뎌야 할 것이다. 그러니 씨앗의 일부나마 조건이 좀 더 나은 해에 새 삶을 시작하는 편이 나을 것이다.

어쨌든 이러저러한 시련을 딛고 마침내 발아를 마쳤다면? 아기 나무가 언젠가 진짜 멋진 아름드리나무가 되어 스스로도 자손을 볼 확률은 얼마나 될까? 의외로 계산하기 어렵지 않다. 모든 나무는 통계적으로 볼 때 정확히 한 그루의 자손을 키운다. 그리고 언젠가 그 자손에게 자신의 자리를 물려줄 것이다. 숫자가 그보다 많을 경우 씨앗이 발아는 할 수 있지만 몇 년 동안, 심지어 몇십 년 동안 엄마의 그늘에서 겨우겨우 목숨만 부지하다가 결국 삶을 마감하고 말 것이다. 그 묘목들은 단 한 그루의 적자가 아니기 때문이다. 나이는 다르지만 10여 그루의 어린 나무들이 엄마의 발치에 모여 사투를 벌인다. 하지만 대부분은 결국 노력을 포기하고 다시 흙으로 돌아간다. 아무도 없는 숲으로 바람이나 짐승이 실어다 준 극소수의 행운아만이 그곳에서 마음껏 발아를 하고 신나게 자랄 수 있다.

확률 이야기로 다시 돌아가 보자. 너도밤나무 한 그루는 5년에 한 번씩 최소 3만 개의 열매를 생산한다(그사이 기후가 변해

2~3년 만에 한 번씩 생산하기도 하지만 여기서는 고려하지 않기로 한다). 또 빛의 양에 따라 다르지만 보통은 80~150세가 되어야 자손을 볼 나이가 된다. 너도밤나무가 최고 400년까지 산다고 하니 적어도 60회는 열매를 맺을 수 있고, 그럼 총 180만 개 정도의 열매를 만들어 낼 수 있다. 이 중에서 정확히 한 개의 열매가 어른 나무로 성장하는 것이다. 확률로 따지면 여섯 자리 복권에 당첨될 확률과 크게 다르지 않다. 나무가 될 것이라고 잔뜩 기대했던 다른 모든 씨앗들은 동물에게 잡아먹히거나 균류와 박테리아에 의해 다시 흙이 된다. 포플러 같은 다른 나무도 같은 식으로 하나의 씨앗이 어른 나무가 될 확률이 어느 정도인지 계산할 수 있다. 포플러의 엄마 나무는 해마다 최고 2600만 개의 씨앗을 생산한다.[8] 세상에나, 2600만 개라니! 포플러 씨앗들이 너도밤나무 씨앗들을 얼마나 부러워할지 충분히 상상이 간다. 그러므로 포플러 한 그루가 늙어 죽을 때까지 만들어 낼 수 있는 씨앗은 10억만 개가 넘는다. 이것들을 솜털 커버로 씌운 다음 바람에게 맡겨 저 먼 곳으로 날려 보낸다. 하지만 이 경우도 승자는 순수 통계학적으로 볼 때 단 한 그루뿐이다. 그 많은 씨앗 중에서 단 한 개만이 무사히 자라 어른이 되는 것이다.

언제나 느리게

나무가 그 정도로 느리게 성장하는 줄은 나도 정말 몰랐다. 오랜 세월 동안 정말 까맣게 몰랐다. 내 관리 구역에는 키가 1~2미터 정도 되는 어린 너도밤나무들이 많다. 예전에 나는 그 나무의 나이가 아무리 많이 봐 줘도 열 살 정도일 것이라고 생각했다. 그런데 산림 경영 저 너머에 숨은 나무의 비밀에 관심을 가지기 시작하면서 나무를 바라보는 눈도 달라지고 더 정확해졌다. 어린 너도밤나무의 나이는 가지에 난 작은 마디를 보면 금방 알아맞힐 수 있다. 이 마디는 아주 미세한 주름들이 겹겹이 쌓인 듯 굳은살처럼 딱딱해진 부분이다. 해마다 싹의 밑에서 형성되는데, 이듬해 봄 싹이 발아하여 가지가 더 길어지면 그 자리에 그대로 남는다. 해마다 같은 일이 반복되기 때문에 마디의 숫자는 나이와 동일하다. 나뭇가지가 3밀리미터보다 더 두꺼워지면 마디는 늘어나는 껍질 속에 파묻혀 보이지 않는다.

어느 날 그 어린 너도밤나무들을 자세히 살펴보았더니 고작 20센티미터 길이의 가지에 그런 마디가 스물다섯 개나 있었다. 줄기는 아직 너무 가늘어 줄기에선 나이의 흔적을 찾을 수 없었지만 가지의 나이로 미루어 나무 전체의 나이를 계산해 본 결과 그 어린 나무들의 나이는 최소 80살, 혹은 그 이상임이 분명했다. 당시 나는 절대 그럴 수 없다고 생각했다. 하지만 원시림에 대한 공부를 하다 보니 그 정도 나이는 지극히 정상적이었다. 물론 어린 나무들은 한시바삐 자라 얼른 어른이 되고 싶다. 마음만 먹으면 한 철에 0.5미터는 거뜬히 자랄 수 있다. 하지만 엄마가 반대한다. 엄마가 거대한 수관으로 어린 자식들을 뒤덮고, 다른 어른 나무들과 힘을 합하여 숲 전체에 두꺼운 지붕을 씌운다. 그 결과 숲의 바닥이나 아기 나무들의 잎까지 당도할 수 있는 햇빛의 비율은 겨우 3퍼센트밖에 안 된다. 3퍼센트면 하나도 안 비쳐 든다는 소리와 다를 바 없다. 그 정도면 겨우 죽지 않고 목숨만 부지할 정도의 광합성밖에는 할 수가 없다. 적절한 성장은 말할 나위도 없고 나무 몸통을 튼실하게 키울 엄두도 내지 못한다. 이런 엄하디엄한 교육에도 저항은 꿈도 꿀 수 없다. 저항을 하려고 해도 에너지가 있어야 할 것이 아닌가. 교육이라고? 그렇다. 실제로 그런 엄마들의 행동은 어린 나무들의 행복에 기여하는 교육적 조치다. 또 교육이라는 표현은 산림경영지도원들 사이에서 아주 오래전부터 쓰이는 단어이기도 하다.

교육의 수단은 빛의 삭감이다. 그런데 왜 이런 조치가 필요한 것일까? 부모라면 자식이 얼른 자라 독립하기를 원하는 것이 당연하지 않은가? 적어도 나무들은 이 말에 고개를 격하게 저을 것이다. 실제로 최근의 연구 결과도 그와 다르지 않다. 어릴 때의 느린 성장은 오래 살 수 있는 전제 조건이다. 얼마나 오래 살 수 있느냐고? 우리 인간의 머리로는 도저히 상상할 수 없는 오랜 세월이다. 현대의 산림 경영은 나무의 나이가 80~120살 정도면 초고령이라고 생각한다. 그 정도면 베어 쓰기에 충분하기 때문이다. 하지만 자연적 환경이라면 그 나이 정도의 나무는 연필 정도의 두께, 사람 키 정도 높이밖에 안 된다. 워낙 느리게 자라기 때문에 나무 내부의 세포는 크기도 매우 작고 공기 함량도 아주 적다. 그래서 탄성이 뛰어나 폭풍이 불어도 쉽게 부러지지 않는다. 그보다 더 중요한 것이 균류에 대한 저항력이다. 제아무리 능력 있는 곰팡이라도 그 정도로 촘촘하고 질긴 나무줄기에서는 퍼져 나갈 수가 없을 테니 말이다. 또 상처를 입어도 쉽게 아물기 때문에, 다시 말해 쉽게 부패되지 않고 껍질로 그 부위를 덮어 버리기 때문에 충격이 적다. 훌륭한 교육은 긴 수명의 보증 보험이다.

하지만 아무리 그렇다 해도 아기 나무들이 참고 버텨야 하는 세월이 너무 길다. 이미 최소 80년을 기다려 온 '나의' 작은 너도밤나무들은 수령 200여 년의 엄마 나무들 아래에 서 있다. 인간의 기준으로 환산하면 40대 엄마들이다. 이 아기들이 기를 활짝 펴고 마음껏 성장할 수 있으려면 아마 아직도 200년은 더 목숨을 부지하며 기다려야 할 것이다. 물론 기다림의 시간이 혹독한 것은 아니다. 엄마가 뿌리를 통해 아기에게 손을 뻗어 당과 다른 영양소를 공급해 준다. 아기 나무들에게 엄마가 젖을 준다고도 말할 수 있을 것이다.

아기 나무가 지금 기다리는 중인지 아니면 신나게 위로 뻗어 나가는 중인지는 누구나 쉽게 구분할 수 있다. 어린 실버 전나무silver fir나 너도밤나무의 큰 가지를 꼼꼼히 살펴보라. 위로 뻗은 줄기보다 옆으로 뻗은 가지가 훨씬 길다면 그 아기는 지금 기다리는 중이다. 그 나무에게 쏟아지는 빛이 긴 줄기를 만들 정도의 에너지는 안 되기 때문에 적은 빛이나마 최대한 효율적으로 붙들어 보려고 애를 쓰고 있다. 그러기 위해 큰 가지를 옆으로 쭉 뻗고 그 가지에 아주 예민하고 얇은 특수 음지 잎을 키우는 것이다. 그런 나무들 중에선 수관이 워낙 납작하여 나무의 꼭대기가 어디인지 알아볼 수 없는 경우도 많다. 수관이 납작한 분재처럼 생겼다.

그렇게 하염없이 기다리던 어느 날 마침내 기회가 찾아온다. 엄마 나무가 수명이 다했거나 병이 든 것이다. 여름날 불어온 폭풍과 마지막 결전을 치르다 퍼붓는 비에 썩은 줄기가 무거운 수관의 무게를 이기지 못하고 그만 산산조각 나 버린다. 쓰러지는 엄마 나무는 오매불망 성장을 기다리던 아기 나무 몇 그루까지 함께 저승으로 데리고 간다. 그러나 다행히 살아남은 유치원 친구들에겐 엄마의 빈자리가 곧 출발의 신호탄이다. 이제는 마음 내키는 대로 광합성을 할 수 있기 때문이다. 물론 그러자면 신진대사를 바꾸어야 하고 활엽과 침엽을 만들어야 하며 강해진 빛을 참고 소화할 수 있어야 한다. 그러기까지 보통 1~3년이 걸린다. 이 과정이 모두 끝나면 그야말로 서두를 때다. 이제 모든 아기 나무들이 쑥쑥 자라려고 한다. 그렇지만 앞도 뒤도 안 보고 위로 직진하여 달려간 나무들만 계속 자랄 수 있다. 위로 오르기 전에 왼쪽이나 오른쪽으로도 한번 굽어 보자는 게으름뱅이들은 패가 좋지 않다. 친구들이 웃자라 또다시 빛을 가릴 위험이 높기 때문이다. 더구나 빨리 자란 친구들은 엄마 나무와 큰 차이가 있다. 엄마보다 훨씬 더 많이 빛을 가린다. 성장을 위해 약한 빛까지 다 소비를 하기 때문이다. 결국 늑장꾼들은 빛을 받지 못해 시들 것이고 그러다가 언젠가는 다시 흙으로 돌아갈 것이다.

또 위로 신나게 뻗어 간다고 해서 문제가 다 해결되는 것은 아니다. 위로 오르는 길에도 많은 위험이 도사리고 있다. 환한 햇빛이 광합성을 자극하여 성장을 촉진하기 때문에 이 나무의 싹에는 당분이 훨씬 많이 함유되어 있다. 성장을 기다리는 동안에는 질기고 쓴 약 같던 싹들이 이제 달콤한 케이크가 된 것이다. 적어도 노루의 입맛으로 보면 그렇다. 당연히 노루가 달려들 것이고 싹의 일부는 겨울을 위해 영양분을 비축하고 싶은 노루의 위장 속으로 들어갈 것이다. 물론 군집이 워낙 크기 때문에 노루가 양껏 먹어 치운다고 해도 숲의 나무가 싹 다 없어질 수는 없다. 노루의 눈길을 용케 피한 나무들은 쑥쑥 자랄 것이다.

갑자기 빛이 많아진 곳에선 종자식물들도 행운을 시험한다. 붉은 인동이 대표 주자다. 붉은 인동은 덩굴을 감아 나무줄기를 타고 올라가는데 항상 감는 방향이 오른쪽(시계 방향)이다. 그래야 휘감긴 나무의 성장과 보조를 맞출 수 있고 자기 꽃들을 해가 있는 쪽으로 뻗을 수 있다. 휘감은 인동의 가지는 시간이 가면서 차츰차츰 나무껍질을 파고들어 나무의 숨통을 조인다. 이제 누가 살아남을 것인가는 오직 행운의 여신에게 달려 있다. 나무의 수관이 활짝 벌어져 다시 하늘 지붕이 닫히면 주변은 예전처럼 어둠 속에 잠길 것이다. 그럼 붉은 인동은 죽고, 감고 올라간 인동의 덩굴만 흔적으로 남을 것이다. 하지만 죽은 엄마 나무가 특별히 덩치가 큰 나무여서 엄마의 빈자리가 쉽게 메워지지 않아 빛이 오래 지속되면, 인동 덩굴에 감긴 나무는 숨통이 막혀 죽을 것이다. 나무에게는 가슴 아픈 일이지만 인동은 물론 우리 인간에게도 즐거운 일이다. 그 나무로 요상한 모양의 산책용 지팡이를 만들 수 있을 테니 말이다.

모든 장애물을 뛰어넘고 멋지게 쭉쭉 뻗어 올라간 나무도 20년 후엔 다시 한 번 인내의 시험대에 올라야 한다. 죽은 엄마 나무의 이웃들이 빈자리로 가지를 뻗을 것이기 때문이다. 20년이라고? 그렇다. 가지를 거기까지 뻗는 데 무려 20년이 걸린다. 그것이 나무의 속도다. 어쨌든 엄마 나무의 이웃들도 광합성을 할 수 있는 추가 장소를 확보하기 위해 수관을 넓히려 한다. 이렇게 모두들 위로 위로 고개를 들이밀어 대니 아래는 다시 어둠에 잠긴다. 어린 너도밤나무, 전나무, 가문비나무는 다시 성장을 접고 이웃의 큰 나무가 손수건을 던질 때까지 하염

없는 대기 모드에 들어간다. 수십 년이 걸릴 수도 있는 기나긴 기다림의 시간이지만, 어쨌든 이쯤 성장을 했으면 주사위는 이미 던져졌다. 성장의 중간 단계로 진입한 나무들은 더 이상 경쟁자의 위협에 주눅 들지 않는다. 기회만 되면 언제라도 왕좌에 오를 수 있는 왕자 또는 공주가 되었으니 말이다.

나무의 에티켓

숲에도 에티켓이 있다. 글로 써 놓지는 않았지만 나무가 지켜야 할 규칙이 있는 것이다. 진짜 원시림의 일원은 어떤 모양새인지, 어떤 짓은 하고 어떤 짓은 하지 말아야 하는지를 정한 규칙이다. 예를 들어 바르게 잘 자란 활엽수는 자고로 줄기가 꼿꼿하게 곧고 그 안에는 목질 섬유가 골고루 분포되어 있다. 뿌리는 균형을 맞추어 사방으로 뻗어 나가고 또 밑으로도 깊게 흙을 파고든다. 어릴 때는 줄기에 아주 가느다란 가지들이 많이 붙어 있었지만 자라면서 점점 껍질과 목질이 그 가지들을 뒤덮어 나무의 몸통은 길고 매끈한 기둥의 모습이다. 맨 꼭대기에는 하늘을 향해 팔을 비스듬히 뻗은 튼튼한 가지들이 보기 좋은 지붕을 만들어 놓았다. 그런 잘생긴 나무는 아주 오래오래 살 수 있다. 침엽수의 경우도 비슷하지만 수관의 가지들이 수평이거나 살짝 아래를 향해도 좋다. 그런데 이게 다 무슨 소용인가? 나무들도 은근히 예쁜 것만 따지는 외모 지상주의자들일까? 그건 나도 잘 모르겠지만 예로부터 보기 좋은 떡이 먹기도 좋다고 했다. 외모가 예쁘면 몸도 튼튼하다. 다 자란 나무의 큰 수관은 폭풍과 폭우, 폭설을 견뎌야 한다. 온갖 자연재해의 충격을 한풀 꺾어 약화시킨 다음 줄기를 통해 뿌리로 보내야 한다. 그럼 뿌리가 그 힘을 견디며 나무가 쓰러지는 것을 막아 낸다. 그러기 위해 뿌리는 땅이나 돌을 꽉 붙들고 있다. 태풍의 힘은 최고 200톤의 기차 무게에 맞먹는 에너지로 나무의 뿌리를 잡아챌 수 있다니 말이다.[9]

나무의 어디든 약한 부위가 있으면 충격이 그곳으로 집중되면서 나무를 뒤흔든다. 최악의 경우 줄기가 부러지고 수관 전체가 무너진다. 균형이 잘 잡힌 나무는 어떤 외부의 힘도 신체 곳곳으로 골고루 분산할 수 있기 때문에 큰 충격도 쉽게 견뎌낸다.

당연히 이런 에티켓을 잘 지키지 않는 나무에겐 문제가 생길 수밖에 없다. 예를 들어 줄기가 휘면 가만히 서 있어도 몸에 무리가 간다. 수관의 무거운 하중이 전체 줄기로 골고루 분산되지 못하고 일방적으로 한 부분만 짓누른다. 그래서 꺾이지 않으려고 그 자리에 힘을 주게 되는데, 그 결과가 특별히 검은(다른 부위보다 공기가 적고 저장된 물질은 더 많아서 생기는 색깔이다) 나이테다. 중심 줄기가 두 개로 나뉜 나무의 경우 상황은 더 불리해진다. 줄기가 특정 높이에서 갈라져서 두 갈래로 계속 자라는데, 바람이 심하게 불 경우 각자 수관을 머리에 인 이 두 가지가 서로 다른 방향으로 이리저리 흔들리고 그 과정에서 가랑이진 부위에 매우 심한 하중이 가해진다. 이 부위가 소리굽쇠 모양이나 U자 모양일 경우는 그나마 크게 걱정할 것이 없다. 하지만 V자인 경우, 다시 말해 뾰쪽한 형태로 두 가지가 올라간 경우는 문제가 발생할 확률이 높다. V자의 제일 아래 부분이 계속해서 갈라지는 것이다. 너무 고통스러운 나무는 더 갈라지는 것을 방지하기 위해 그 부위에 두꺼운 결절을 만든다. 하지만 대부분은 별 소용이 없다. 이 부위에서 계속 액체가 흘러나와 박테리아 탓에 검게 변색이 된다. 게다가 물까지 고여 틈으로 스며들기 때문에 결국 부패가 진행된다. 그래서 대부분의 경우 어느 날 약한 쪽이 부서져 버리고 튼튼한 반쪽만 남는다. 이 반쪽 나무는 그 후로도 몇십 년을 더 살 수 있지만 그 이상은 안 된다. 노출된 넓은 상처 부위가 아물지 못해 결국 균류가 서서히 내부를 파먹어 들어가기 때문이다.

바나나를 줄기의 롤 모델로 삼는 나무들도 적지 않다. 아래쪽은 매우 비스듬하게 크다가 나중에 좀 자란 후 위를 향해 올라가는 것이다. 그러니까 나무의 에티켓을 깡그리 무시했다는 소리인데, 잘 살펴보면 그런 나무가 한둘이 아니다. 숲의 한 부분이 전부 똑같이 그런 모양이다. 그러니까 그곳에선 자연법칙이 안 통한다는 소리?

그렇지 않다. 정반대다. 그곳 나무들에게 그런 형태의 성장을 강요한 것은 바로 주변의 자연환경이다. 예를 들어 삼림 한계선 직전의 고지가 그렇다. 그런 곳에선 겨울이면 눈이 1미터 이상 쌓이고 그 눈이 아주 조금씩 아래로 미끄러져 내린다. 굳이 산사태가 나지 않아도 된다. 우리 눈에는 안 보이지만 눈은 아무 일이 없어도 아주 천천히 산 아래쪽으로 흘러내린다. 그 눈에 휩쓸려 나무도 같이 미끄러진다. 어린 나무들이 그렇다는 소리다. 아예 어린 아기 나무는 또 큰 문제가 없다. 눈이 지나가고 나도 별 상처 없이 툴툴 털고 다시 일어서면 된다. 하지만 반쯤 자란 나무, 다시 말해 몇 미터 키의 나무는 눈 때문에 줄기가 훼손된다. 최악의 경우 부러져 버리지만 그렇지 않더라도 줄기가 눈에 휩쓸려 휘어 버린다. 이런 자세에서 나무는 다시 똑바로 서려고 애를 쓴다. 하지만 나무는 꼭대기만 성장할 수 있기 때문에 이미 휜 아래쪽 나무는 그 자세를 고치지 못한다. 이듬해 겨울이 되면 나무는 다시 살짝 구부러지고, 그 이듬해 봄에 자란 부분은 역시나 똑바로 위를 향해 자란다.

이런 식의 과정이 몇 년 동안 계속되면 나무줄기는 점차 사벌* 모양으로 휜다. 그러다 줄기가 어느 정도의 두께가 되면 보통의 눈에는 전혀 해를 입지 않을 정도로 튼튼해진다. 그래서 아래쪽 '사벌'은 그 형태로 놓아둔 채 위쪽 부분은 정상적인 나무처럼 위로 쭉쭉 뻗어 나간다.

눈이 내리지 않아도 그런 일이 가능하다. 물론 비탈일 때 이야기다. 비탈에선 아주 느린 속도로 흙이 아래로 미끄러져 내려간다. 속도가 워낙 느려 몇 년 동안 내려간 거리가 불과 몇 센티미터일 때도 있다. 그래도 나무는 흘러내리는 흙의 영향으로 천천히 같이 미끄러지면서 기울게 된다.

기후 변화로 인해 영구 동토층이 녹고 있는 알래스카나 시베리아에 가면 훨씬 더 극단적인 사례를 만날 수 있다. 나무가 붙잡고 설 지주를 잃으면서 질퍽거리는 땅에서 완전히 중심을 잃고 기울어진다. 그런데 나무들마다 다른 방향으로 쓰러지기 때문에 숲이 꼭 비틀거리며 걸어 다니는 술 취한 사람들처럼 보

---

* sabel, 허리에 차는 긴 서양식 칼.

인다. 그래서 학자들은 그런 나무들을 '술 취한 나무들'이라고 부른다.

숲의 가장자리에서도 나무줄기의 직립 성장 규칙은 많이 느슨해진다. 나무가 자라지 않는 옆 풀밭이나 바다 쪽에서 빛이 오기 때문이다. 큰 나무 밑에 가린 작은 나무들은 엄마 나무의 그늘을 피하기 위해 탁 트인 평지를 향해 뻗어 간다. 특히 활엽수들은 몸통을 거의 수평에 가까운 각도로 눕혀 수관을 최고 10미터까지 늘일 수 있다. 물론 대가가 없지 않다. 눈이 많이 내려 줄기에 하중이 실리면 몸통이 부러질 수도 있다. 하지만 인생 한 방! 굵고 짧게! 아무것도 못하고 근근이 목숨을 이어 가는 것보다는 짧은 생이나마 화끈하게 사는 편이 훨씬 좋지 않겠나. 번식을 할 수 있을 만큼 넉넉한 빛을 받으며 짧은 생을 사는 것이 아무것도 못하고 목숨만 이어 가는 것보다 훨씬 낫다. 그래서 대부분의 활엽수들은 그런 기회를 적극 활용한다. 하지만 침엽수들은 융통성이 없고 고집이 장난 아니게 세다. 빛이 오건 말건 무조건 똑바로 꼿꼿하게 자란다. 지구의 인력이 아무리 잡아당겨도 오로지 위로, 똑바로, 일직선으로만 자라기 때문에 모양도 완벽하고 자세도 올곧다. 물론 숲 가장자리 쪽의 옆 가지 정도는 다른 것들에 비해 더 두껍고 더 길지만 그 정도에서 만족한다. 줄기는 절대 휘둘리지 않는다. 유일하게 소나무만 호기심이 너무 많아 수관을 탐욕스럽게 늘인다. 침엽수 중에서 눈 무게 때문에 부러질 확률이 가장 높은 나무가 소나무인 것은 당연한 결과일 것이다.

나무 학교

나무는 배고픔보다 갈증을 더 못 견딘다. 배가 고픈 건 언제든지 자체 해결할 수 있기 때문이다. 항상 빵을 넉넉하게 구워 두는 제빵사처럼 나무는 배가 꼬르륵거릴 때마다 광합성을 해서 배를 채울 수 있다. 하지만 제아무리 솜씨 좋은 제빵사도 물이 없으면 빵을 구울 수 없듯 나무도 물기가 없으면 영양소의 생산을 중단할 수밖에 없다. 다 자란 너도밤나무 한 그루는 매일 500리터가 넘는 물을 가지와 잎으로 보낼 수 있고, 밑에서 공급되는 물만 넉넉하다면 실제로도 그 정도의 물을 끌어 올려 가지와 잎에 공급한다.[10] 하지만 여름에 그렇게 많은 물을 끌어 올려 대면 흙 속의 물은 금방 고갈된다. 그렇다고 그 메마른 흙을 다시 채울 만큼 비의 양이 넉넉한 것도 아니다. 그래서 땅은 겨울에 열심히 물을 채워 놓는다. 겨울이 되면 강수량도 많을뿐더러 모든 나무가 휴식에 들어가기 때문에 나무들이 쓰는 물의 양도 제로에 가깝다. 지하에 저장된 봄비의 강수량까지 합치면 전체 수량은 여름 초입까지는 무난히 쓸 정도가 된다. 하지만 그 후가 문제다. 더위가 시작되면 2주만 비가 안 내려도 대부분의 숲이 갈증에 허덕인다. 특히 물이 넉넉한 땅에 자리 잡은 나무들의 타격이 크다. 지금껏 물이 모자란 적이 없었기 때문에 늘 쓰고 싶은 만큼 펑펑 쓰면서 살았고, 그래서 대부분이 그 숲에서 제일 크고 제일 튼실한 나무들인데 이제 그동안 아쉬울 것 없이 호사스럽게 산 대가를 치러야 할 때가 온 것이다. 내 관리 구역에선 가문비나무들이 그 주인공들이다. 가뭄이 시작되면 가문비나무들은 파열이 된다. 이음새가 터지는 것이 아니라 아예 몸통 자체가 터진다. 땅은 말라붙었는데 저 위 수관의 뾰족 잎들은 철없이 자꾸 물을 달라고 졸라 대고, 결국 건조해질 대로 건조해진 나무줄기가 더 이상 견디지 못하고 갈라져 버리는 것이다. 쾅, 펑 하는 소리와 함께 나무껍질에 1미터 이상의 균열이 생긴다. 균열은 나무 조직 깊은 곳까지 파고들어 나무에 큰 상처를 입힌다. 기다렸다는 듯 곰팡이 포자가 그 틈을 통해 저 안쪽까지 침투하고 그 속에서 파괴적인 활동을 시작한다. 가문비나무는 상처를 아물게 하려고 안간힘을 쓰지만 별 소용이 없다. 그 자리가 계속해서 다시 벌어진다. 그래서 멀리서 봐도 나무껍질은 나뭇진이 말라붙어 검게 변한 상태다. 고통스러운 학습 과정의 증거인 셈이다.

학습 과정이라는 말이 나왔으니 제목대로 나무 학교 이야기를 한번 해 보자. 나무 학교는 아직도 체벌이 허용되는 무서운 학교다. 자연은 엄한 선생님이다. 선생님의 말을 잘 안 듣거나 잘 따르지 않는 학생은 고통을 겪어야 한다. 몸통에, 껍질에, 극도로 예민한 부름켜에 고통스러운 균열의 생채기를 얻게 된다. 나무에게 이보다 더 나쁜 일은 없다. 나무는 자연 선생님의 이런 체벌을 달게 받아들여 교훈을 얻어야 한다. 상처를 아물게 하려 노력하는 것은 물론이고 이제부터는 물을 아껴 쓰는 법도 배워야 한다. 뒷일은 생각하지도 않고 땅이 주는 대로 물을 흥청망청 쓰던 버릇을 고쳐야 한다. 혹독한 체벌로 큰 깨달음을 얻었으니 앞으로는 아무리 땅이 물을 많이 주어도 아껴 쓰고 저축하는 습성을 버리지 않을 것이다. 살다 보면 언제 무슨 일이 닥칠지 누가 알겠는가!

물이 많은 땅에서 자란 가문비나무는 철이 없다. 당연하지 않은가! 그 나무로부터 불과 1킬로미터 떨어진 곳은 돌투성이의 메마른 산비탈이다. 여름에 가뭄이 심하면 그곳에 사는 나무들이 큰 해를 입을 것 같지만 현실은 정반대다. 그곳에서 인내하며 살아온 금욕주의자 나무들이 철없이 편히 산 친구들보다 훨씬 더 가뭄을 잘 견딘다. 비탈에선 흙이 저장할 수 있는 수분의 양이 적고 햇살도 더 따갑게 내리쬐지만 거의 1년 내내 물 없이 버틴 비탈의 가문비나무는 씩씩하게 잘 살아남는다. 물론 성장 속도는 눈에 띌 만큼 느리지만 얼마 안 되는 물을 아주 효율적으로 분배하여 혹독한 가뭄도 잘 견뎌 낸다.

땅에 발을 딛고 튼튼하게 서 있는 것도 힘든 배움의 과정이다. 나무는 굳이 그럴 필요가 없으면 힘들게 제 힘으로 서 있으려고 하지 않는다. 편안하게 기댈 수 있는 이웃이 있다면 무엇하러 굵고 튼실한 몸통을 만들겠는가? 사실 이웃 나무가 평생 그렇게 자신을 받쳐 준다면 만사 천하태평이다. 그런데 문제는 그럴 수 없다는 데 있다. 중부 유럽에선 몇 년에 한 번꼴로 사람들이 기계를 들고 몰려와 나무의 10퍼센트를 수확한다. 자연림에서도 거대한 엄마 나무가 수명을 다해 자연사하면 주변 나무들이 순식간에 기댈 곳 없는 고아가 되어 버린다. 엄마 나무의 수관이 덮고 있던 지붕이 뻥 뚫리면 그 엄마 지붕에 편안하게 기대어 살던 아기 너도밤나무와 가문비나무들은 순식간에 붙들 곳이 없어 휘청거린다. 자기 다리와 뿌리로 서 보려 하지만 한 번도 해 본 적이 없으니 뜻대로 잘될 리 없다. 지금까지는 몸통 만들 에너지를 키를 키우는 데 투자하며 친구들보다 빠르게 쑥쑥 자랐지만 이제 그런 속도는 포기해야 한다. 이런 나무들이 다시 안전하게 제 뿌리로 설 수 있기까지는 3~10년의 시간이 걸린다.

나무가 바람에 이리저리 휘면서 생기는 아주 미세한 균열도 고통스러운 학습의 과정이다. 흔들리면 아프기 때문에 나무는 바람에도 흔들리지 않는 튼튼한 뼈대를 만들기 위해 노력한다. 그러자면 엄청난 에너지가 소모되고, 당연히 위로 뻗어 나갈 에너지가 부족해진다. 어쩌다 다행히 이웃의 자리가 비어 빛의 양이 늘어난다면 그나마 다행이겠지만 설사 그렇다 해도 그 빛을 완전히 활용할 수 있기까지는 다시 몇 년의 세월이 걸린다. 지금껏 잎들이 흐린 빛에만 맞춰 적응을 한 상태라 연약하고, 특히 빛에 매우 민감하다. 그런데 갑자기 강렬한 햇살이 직접적으로 내리쬐면 심한 경우 빛에 잎이 타기도 한다. 아야, 아야, 아야. 아프다는 잎들의 비명이 사방에서 들린다. 다음 해에 필 싹이나 순은 그 전해의 봄과 여름에 미리 마련해 두기 때문에 활엽수의 경우 달라진 환경에 적응하려면 빨라도 두 해는 소요된다. 침엽수는 그보다 더 오래 걸린다. 침엽수의 잎들은 최고 7년까지 가지에 남아 있기 때문이다. 이 모든 푸른 것들이 싹 다 바뀌고 난 후에야 상황은 안정을 되찾는다. 나무의 몸통이 얼마나 굵고 튼실한지는 주변 환경이 얼마나 편안한지, 나무를 괴롭히는 것이 얼마나 적은지에 달려 있다. 특히 자연림의 경우는 한 나무의 일생에서도 이런 식의 시련이 몇 번씩 되풀이될 수 있다. 다른 나무가 쓰러지면서 틈이 생기면 모두가 팔을 뻗어 수관을 넓히고, 그러면 다시 빛의 창이 닫히면서 다들 예전처럼 서로에게 기댈 수가 있다. 이젠 몸통의 굵기 따위 신경 쓰지 않고 위로만 쭉쭉 뻗어 올라가도 된다. 그러다 몇십 년 후 또 다른 나무가 생을 마감하면 처음부터 같은 과정이 되풀이된다.

이쯤에서 다시 한 번 '학교'라는 주제로 돌아가 보자. 나무에게 학습 능력이 있다면(그 능력을 실제로 관찰할 수 있다면) 나무는 과연 습득한 지식을 어디에 저장하며 어디서 다시 불러내는 것일까? 나무에게는 뇌가 없다. 데이터 뱅크로서 이 모든 과정을 조절할 수 있는 두뇌가 존재하지 않는다. 모든 식물이 다 그렇다. 그래서 많은 학자들이 식물의 학습 능력에 의문을 표한다. 산림경영지도원들 중에서도 식물의 학습 능력이란 상상의 왕국에서나 가능한 것이라고 생각하는 사람들이 많다. 이번에도 오스트레일리아의 모니카 갈리아노 박사가 없었다면 그들의 주장을 반박할 수 없었을 것이다. 그녀는 열대 식물 미모사를 실험 대상으로 삼아 나무의 학습 능력을 연구하였다. 미모사는 사람이 좀 귀찮게 굴어도 큰 지장이 없고 또 나무에 비해 손쉽게 실험실에서 연구가 가능한 식물이라 연구 대상으로 아주 적합하다. 미모사는 물체가 닿으면 깃 모양의 잎을 접는다. 한 실험에서 미모사의 잎에 규칙적으로 물방울을 떨어뜨렸다. 처음에는 놀란 미모사가 짜증을 내며 얼른 잎을 오므렸지만, 시간이 가면서 서서히 물방울이 아무 해가 되지 않는다는 사실을 깨달았다. 그 후로는 물방울이 떨어져도 잎을 오므리지 않았다. 더 놀라운 사실은 테스트를 중지한 지 몇 주가 지나도 미모사가 그 교훈을 잊지 않고 활용하였다는 것이다.[11] 너도밤나무와 참나무를 통째로 실험실로 옮겨 나무의 학습 능력을 좀 더 심도 있게 추적해 볼 수 있다면 좋으련만, 안타깝게도 그건 불가능하다. 하지만 적어도 물과 관련해서는 현장 연구가 가능하다. 현장 연구 결과, 나무는 행동 변화 이외에도 다른 새로운 모습을 보여 주었다. 물이 부족하면 나무는 비명을 지른다. 물론 숲에서 아무리 귀를 기울여도 우리 귀에는 그 소리가 들리지 않는다. 나무의 비명은 초음파 영역에서 일어나는 활동이기 때문이다. 스위스 '숲, 눈, 지형 연방 연구소Forschungsanstalt für Wald, Schnee und Landschaft(WSL)'의 학자들이 그 소리를 채록하였는데, 그들은 그 소리에 별 의미를 부여하지 않았다. 뿌리에서 줄기를 거쳐 잎으로 통하는 물의 흐름이 중단되면 진동이 발생하지만, 그것은 순전히 기계적 현상일 뿐이라고 말이다.[12] 정말 그럴까? 우리는 소리가 어떻게 생기는지 잘 알고 있다. 인간이 만들어 내는 소리도 자세히 들여다보면 사실 크게 특별할 것이 없다. 기관에서 나온 공기의 흐름이 성대를 진동시킨다. 탁탁 소리를 내는 뿌리와 관련된 연구 결과를 생각해 볼 때 이 진동은 충분히 그 이상의 의미를 띨 수 있다. 다시 말해 물이 없어서 괴롭다는 비명인 것이다. 어쩌면 물이 부족하니 물을 찾아 나서라고 동료들에게 보내는 긴급 경고일지도 모르겠다.

함께하면 더 행복해

나무들은 서로 사이가 좋고 잘 도와준다. 하지만 숲이라는 생태계에서 성공적으로 살아남으려면 그것만으로는 부족하다. 모든 나무 종은 더 많은 자리를 확보하고 능률을 극대화하여 다른 종을 쫓아내려고 한다. 빛은 말할 것도 없고 생존에 필수적인 물을 두고도 서로 더 많이 가져가려고 다툼을 벌인다. 나무의 뿌리는 촉촉한 흙을 파고 들어가기에 아주 적합하다. 또 미세한 섬모를 만들어 뿌리의 표면을 넓히고 최대한 많은 수분을 빨아들인다. 보통의 상황에선 그 정도로도 충분하지만, 자고로 세상사는 늘 다다익선이라 하지 않던가. 나무는 수십만 년 전부터 균류와 동맹을 맺었다. 균류는 이상한 존재다. 유기체를 동물과 식물로 구분하는 우리의 통상 분류법이 균류에게는 통하지 않는다. 흔히 알고 있는 정의에 따르면 식물은 무기물에서 영양소를 만든다. 그러니까 완벽하게 독립적이다. 아무것도 없는 척박한 땅에 먼저 푸른 식물이 등장해야 그 뒤를 이어 그 식물을 먹고 사는 동물이 나타날 수 있다. 동물은 근본적으로 다른 생명체를 먹어야만 생존할 수 있으니까 말이다. 그렇지만 풀과 아기 나무의 입장에서 본다면 소와 노루가 슬그머니 다가와 자기 잎을 뜯어 먹는 것이 좋을 리 없다. 늑대가 멧돼지를 잡아먹건 사슴이 참나무 묘목을 뜯어 먹건, 두 경우 모두 결과는 고통과 죽음이다. 그런데 균류는 이런 동물과 식물의 중간에 걸쳐 있다. 균류의 세포벽은 키틴질이다. 곤충에게서 목격되는 물질로, 식물에게선 절대 볼 수가 없다. 더구나 광합성을 할 수 없어서 다른 생명체의 유기 화합물을 먹고 산다. 땅 밑에서 사는 균류의 솜털 같은 조직, 즉 균사체는 엄청난 길이로 뻗어 나갈 수 있다. 예를 들어 스위스에서 발견된 아밀라리아Armillaria는 크기가 0.5제곱킬로미터에 육박하며 나이가 거의 1000살이다.[13] 미국 오리건 주에서 발견된 또 다른 버섯은 나이가 2400살로 추정되며 크기가 9제곱킬로미터, 무게가 600톤에 이른다.[14] 이로써 버섯은 지상에서 가장 크기가 큰 생명체로 낙점되었다. 하지만 방금 언급한 거대한 버섯들은 오히려 나무의 적이다. 먹을 수 있는 조직을 찾아 사냥을 하는 과정에서 나무를 죽이기 때문이다. 우리의 관심은 이런 버섯이 아니라 평화로운 균류와 나무의 짝꿍들이다. 참나무와 사이좋게 지내는 향기젖버섯처럼 자신에게 딱 맞는 균사체를 만난 나무는 유익한 뿌리의 면적을 몇 배 더 넓힐 수 있고, 그 결과 훨씬 더 많은 물과 영양소를 빨아들일 수 있다. 짝꿍 균사체와 협력하는 식물은 그러지 않고 자기 뿌리로 혼자 살아가는 나무에 비해 생명에 필수적인 질소와 인의 함유량이 두 배는 더 많다. 그러나 1000종이 넘는 이런 균류 중 하나와 파트너 관계를 유지하려면 나무는 매우 개방적이어야 한다. 말 그대로 마음을 활짝 열어야 한다. 균사가 나무의 부드러운 잔뿌리를 파고들며 자라기 때문이다. 나무가 아플까? 그건 아직 아무도 모른다. 하지만 나무도 원하는 바이기에 나는 아마도 나무가 긍정적 감정을 느끼지 않을까 추측한다. 어쨌건 두 파트너는 이제부터 적극 협력한다. 버섯은 나무의 뿌리를 파고들며 휘감을 뿐 아니라 주변의 땅속으로도 마구 뻗어 나간다. 그 과정에서 일반 나무뿌리의 성장 범위를 넘어 다른 나무에게로까지 활동 범위를 넓힌다. 그리고 거기서 다른 균류와 그 균류의 파트너 나무의 뿌리와 접촉한다. 앞에서 말한 네트워크가 형성되는 현장이다. 이제 이 네트워크를 통해 (앞에서 설명했던 대로) 활발하게 영양소가 교환되고, 나아가 활발한 정보 교류가 일어난다. 예를 들어 곤충이 곧 습격을 해 올 것이니 대비를 하라는 등의 내용이다. 그러니까 균류는 숲의 인터넷인 셈이다. 우리의 인터넷이 공짜가 아니듯 균류 역시 이렇게 인터넷 망을 깔아 주는 대가로 사용료를 받는다. 앞에서도 보았듯 균류는 동물과 흡사하게 다른 종의 영양소에 의존하는 생명체다. 영양소를 얻지 못하면 그대로 굶어 죽고 만다. 그러므로 균류는 파트너 나무한테서 당분과 기타 탄수화물을 사용료로 요구한다.[15] 그런데 그 요구가 만만치 않다. 심할 땐 전체 생산량의 최고 3분의 1까지 내놓으라고 요구한다. 솔직히 그런 의존 상황에서 나무가 주는 만큼만 고분고분 받고 만족할 생명체가 어디 있겠는가? 균류는 자신이 뒤덮어 버린 뿌리 끝을 조종하기 시작한다. 일단은 나무가 지하에서 잔뿌리를 통해 무슨 이야기를 하는지 가만히 귀를 기울인다. 그리고 나무의 이야기가 자신에게 유익하면 세포의 성장을 조절하는 식물 호르몬을 생산하기 시작한다.[16] 그뿐 아니다. 균류는 넉넉한 사용료의 대가로 몇 가지 유익한 활동을 추가한다. 그중 한 가지가 중금속 여과 기능이다. 중금속은 나무뿌리에게는 해가 되지만 균류에게는 별 해를 입히지 않는다. 이렇게 걸러 낸 유해 물질은 가을이 되어 우리가 길에서

따서 집으로 가져가는 포르치니 버섯이나 그물버섯의 몸속에 고이 저장된다. 1986년 체르노빌에서 방사능이 유출된 후 그곳에서 자란 버섯에서 주로 방사능 세슘이 발견되었다는 사실은 놀랄 일이 아닌 것이다.

보건 서비스 역시 균류가 제공하는 추가 기능 중 하나다. 균류는 박테리아나 나쁜 균류 등 침입자가 나무를 공격할 경우 용감하게 나서 막아 낸다. 이렇게 나무와 사이좋게 잘 지내는 균류는 나무와 함께 나이를 먹어 가면서 수백 년 동안 동고동락할 수 있다. 하지만 조금만 환경 조건이 변해도, 예를 들어 공기가 갑자기 나빠질 경우 균류는 금방 생명을 잃고 만다. 반려자를 잃은 나무는 오래오래 슬픔에 잠길까? 전혀 그렇지 않다. 나무는 금방 과거를 잊고 자기 발치에 널려 있는 다른 종과 재혼을 한다. 나무에겐 선택의 가능성이 많다. 마지막 남은 균류까지 다 죽어 버리지 않는 이상 실제로 상태가 크게 나빠질 위험은 없다. 균류 쪽은 나무에 비해 더 예민하다. 많은 종이 자신에게 맞는 나무를 직접 골라 예약을 해 두었다가 그 나무와 흥망성쇠를 같이한다. 그런 종의 성질을 흔히 '숙주 특이성'이라 부른다. 실제로 자작나무나 낙엽송만 좋아하는 균류가 있다. 그와 달리 살구버섯처럼 어떤 나무와도 잘 지내는 종들이 있다. 자작나무건 너도밤나무건 가문비나무건, 중요한 것은 여유 공간이다. 지하에 자리가 넉넉하기만 하면 된다. 그래서 경쟁이 치열하다. 자작나무 숲 한 곳만 해도 100종이 넘는 균류가 살고, 일부는 같은 나무의 뿌리 주변에 옹기종기 모여 있다. 거꾸로 자작나무 입장에선 매우 실용적이다. 환경이 바뀌어 한 종이 죽어도 그다음 후보가 바로 문 앞에 대기해 있으니 말이다. 하지만 학자들의 연구 결과처럼 균류 역시 안전이 보장되지 않은 상태에서는 불안해서 살 수가 없다. 그래서 균류는 한 종의 나무뿐 아니라 여러 종의 나무들끼리도 서로 연결한다. 학자들이 자작나무에 주입한 방사능 탄소는 땅과 균류의 조직을 통해 이웃의 더글러스 소나무로 이동하였다. 나무들은 지상에서도 지하에서도 다른 종을 쫓아내기 위해 혈투를 벌이지만 균류는 여유롭게 균형과 조화를 고민한다. 이들 균류가 실제로 다른 나무 종을 도와주는 것인지, 아니면 그냥 도움을 원하는 동료 균류를 도와주었을(그랬는데 그것이 다시 자기 나무에게 도움을 주었을) 뿐인지는 아직 명확하지 않다. 내가 보기엔 균류가 숙주 나무보다 아주 조금은 더 '사려'가 깊은 것 같다. 나무는 싸움밖에 안 한다. 다른 종을 몰아낼 생각밖에 없다. 하지만 우리 고향 숲에서 너도밤나무가 모든 다른 나무 종을 다 몰아내고 최종 승리를 거두었다고 가정해 보자. 정말 만사가 다 좋아질까? 새로 유입된 병원체가 대부분의 나무를 공격하여 쓰러뜨린다면 어떤 일이 벌어질까? 어느 정도는 다른 종이 있는 편이 더 유리하지 않을까? 참나무, 단풍나무, 서양물푸레, 전나무가 지금처럼 어울려 자라면서 필요한 그늘을 만들어야 어린 너도밤나무도 그 그늘 밑에서 싹을 틔우고 자랄 것이다. 원시림의 생명을 보장하는 것은 생물 다양성이다. 균류 역시 안정된 조건을 매우 중시하기 때문에 한 나무 종이 과도하게 성공을 거두지 못하도록 지하에서 슬쩍 다른 종을 지지하고 보살핀다.

살기 힘든 조건이 되면 극단적 조치를 취하는 균류도 있다. 스트로브 잣나무와 더불어 사는 큰졸각버섯이 대표적이다. 큰졸각버섯은 질소가 부족해지면 치명적인 가스를 땅으로 발사하여 톡토기 같은 작은 벌레들을 죽인다. 벌레의 몸에 들어 있는 질소를 방출시키기 위한 방법이다. 톡토기는 강제로 나무와 균류의 거름이 된다.[17]

지금껏 우리는 가장 중요한 나무 도우미, 균류에 대해 알아보았다. 하지만 균류 말고도 나무의 도우미는 많다. 딱따구리도 그렇다. 물론 나무의 행복을 먼저 생각하는 진짜 도우미는 아니지만 어쨌거나 딱따구리의 행동은 나무에게 유익하다. 나무좀scolytinae들이 공격을 시작하면 가문비나무는 바짝 긴장해야 한다. 이 작은 곤충은 번식 속도가 워낙 빠른 데다 나무의 생명 유지에 꼭 필요한 껍질 밑층 부름켜까지 다 갉아 먹어 버리기 때문에 순식간에 나무를 죽일 수 있다. 청딱따구리가 이 소식을 들으면 부리나케 달려온다. 무소 등에 앉은 소등쪼기 새처럼 딱따구리는 나무줄기를 오르내리면서 나무를 잡아먹는 살찐 하얀 유충을 찾아내 쪼아 먹는다. 물론 그 과정에서 나무껍질의 큰 조각이 떨어져 나갈 수도 있지만 어쨌든 덕분에 더 큰 재앙은 방지할 수 있다. 운이 나빠 그 나무는 결국 살아남지 못한다 해도 유충이 더 이상 변태를 할 수 없으니 친구들의 목숨은 구할 수 있다. 하지만 다 알다시피 딱따구리는 나무에게 전혀 관심이 없다. 그래서 자기 알도 나무에 구멍을 파서 그 안에 낳는다. 때로는 아주 건강한 나무에 구멍을 내서 심각한 손상을 입히기도 한다. 딱따구리가 해충을 잡아 주는 것은 사실이다. 참나무를 괴롭히는 비단벌레의 유충도 딱따구리의 먹잇감이다. 하지만 그건 우연의 산물일 뿐, 나무를 향한 딱따구리의 애정 때문이 아니다. 비단벌레는 건기에 목이 마른 나무에게 아주 위험할 수 있다. 물이 부족해 나무가 제대로 해충에 저항할 수가 없기 때문이다. 구원 투수는 진홍색의 홍날개다. 성충이 된 홍날개는 진디의 분비물이나 식물의 즙을 먹는 채식주의자지만 어릴 때는 고기를 즐기는 육식주의자다. 그래서 활엽수 껍질 밑에서 사는 비단벌레의 유충을 즐겨 먹는다. 덕분에 많은 참나무들이 목숨을 부지한다. 그런데 이 홍날개 유충은 이상한 습성이 있다. 정작 자신은 살기가 고달픈지 다른 곤충의 유충을 다 먹어 치우고 나면 같은 종의 유충에게도 덤벼든다.

물 수송의 비밀

땅에 있던 물이 어떻게 저 위의 잎사귀까지 올라갈까? 이 질문에 대한 대답들을 보면 숲이라는 주제와 관련하여 현재 우리 과학이 도달한 지식의 수준을 짐작할 수 있다. 물 수송은 비교적 쉽게 연구할 수 있는 현상이기 때문이다. 어쨌든 나무의 통증 감각이나 소통보다는 연구가 쉽다는 소리다. 또 너무 평범한 문제라는 인상을 주는 탓인지 대학 교재들까지 정말로 간단한 대답들을 소개하고 있다. 대학생들에게 물어보면 보통은 그 이유를 모세관 현상과 증산 작용 때문이라고 대답한다. 첫 번째는 매일 아침 우리 식탁에서도 관찰할 수 있다. 커피 잔을 가만히 들여다보라. 모세관력 때문에 찻잔 가장자리의 커피가 몇 밀리미터 위로 올라와 있다. 그런 현상이 없다면 커피의 수면은 정확히 수평이어야 한다. 용기가 작을수록 그 속에 든 액체는 중력을 거스르며 더 높이 올라갈 수 있다. 활엽수의 물관은 실제로 매우 좁다. 직경이 채 0.5밀리미터도 안 된다. 침엽수는 더 좁아 직경이 0.02밀리미터인 경우도 있다. 그렇지만 모세관 현상은 널리 보아 물이 어떻게 100미터가 넘는 나무의 수관까지 도달하는지에 대한 설명으로는 충분하지 않다. 아무리 가는 관도 끌어 올릴 수 있는 힘의 한계는 최고 1미터에 불과하기 때문이다.[18] 하지만 우리에겐 또 한 명의 후보가 있다. 바로 증산 작용이다. 활엽수와 침엽수의 잎은 여름 내내 호흡으로 물을 증발시킨다. 어른 너도밤나무의 경우 매일 수백 리터의 물을 증발시킬 수 있다. 그로 인해 땅에 있던 물이 물관을 통해 위로 끌려 올라가는 흡수 현상이 발생한다. 하지만 이것은 물기둥이 허물어지지 않을 때에만 가능한 일이다. 분자들은 응집력을 이용해 서로 달라붙어서 나란히 서 있다가 증발로 인해 잎에 한 자리가 비면 조금씩 위로 올라간다. 하지만 이것으로도 여전히 충분한 설명이 안 되기 때문에 등장한 이론이 바로 삼투 현상이다. 한 세포의 당 농도가 이웃 세포들보다 높을 경우 물이 벽을 통과하여 더 농도가 짙은 세포 쪽으로 이동하고 그 결과 양쪽 세포의 농도가 동일해지는 현상이다. 이런 식으로 물이 세포에서 세포로 이동하여 수관까지 나아가면 결국 맨 꼭대기에 도달할 테니 말이다. 흠… 과연 그럴까? 나무에서 최고의 압력이 관측될 때는 봄에 잎이 나기 직전이다. 그럴 때 물은 나무에 청진기를 갖다 대면 소리를 들을 수 있을 정도로 힘차게 줄기를 타고 올라간다. 미국 북동부에선 이런 현상을 이용하여 눈이 녹을 즈음에 설탕단풍의 수액을 수확한다. 그 시기에만 수액을 채취할 수가 있다. 그런데 이 시기엔 아직 활엽수의 가지에 잎이 나지 않았다. 아직 전혀 수분을 증발시키지 못한다는 소리다. 그러니까 증산 작용은 물 수송의 동력이 아니다. 모세관 역시 1미터 이상의 높이부터는 거의 통하지 않기 때문에 그 영향이 제한적이다. 그런데도 나무줄기는 이 시기만 되면 아주 신이 나서 펌프질해 댄다. 마지막으로 삼투 현상이 남아 있지만 이것 역시 내가 보기에는 별 의미가 없다. 결국 삼투 현상은 뿌리나 잎에서만 가능하지, 줄기에선 불가능한 현상이니까 말이다. 줄기는 세포들이 나란히 줄지어 서 있는 곳이 아니라 물이 통과하는 기다란 모양의 관이다. 그럼 이제 어떻게 하지? 나도 잘 모르겠다. 하지만 최근의 연구 결과를 보면 적어도 증산 작용과 응집력의 효과에는 큰 기대를 걸지 못할 듯하다. 베른 대학, 스위스 연방 연구소 WSL, 취리히 연방 공과대학의 학자들이 귀를 쫑긋 세우고 열심히 들어 보았다. 특히 밤에 나무에서 들리는 나지막한 소리들을 채록하였다. 밤이 되면 대부분의 물은 줄기가 품고 있다. 수관이 광합성을 쉬는 중이라 증발하지 않기 때문이다. 그런데도 나무들이 어찌나 열심히 펌프질을 해 대는지 줄기의 직경이 늘어날 정도다. 물은 내부의 수관 속에 가만히 들어 있다. 전혀 움직이지도 흐르지도 않는다. 그럼 그 소리는 어디서 나는 것일까? 학자들은 물이 꽉 찬 작은 관에서 형성되는 작은 이산화탄소 기포가 원인이라고 추정한다.[19] 관에 기포가 생긴다고? 그 말은 연결된 물길이 수천 번도 더 끊어진다는 의미다. 따라서 사실상 모세관 현상도, 응집력도, 삼투압도 물의 수송에 거의 기여를 할 수 없다는 의미다. 수많은 의문이 아직 해답을 찾지 못했다. 하지만 가능한 해답이 한 가지 줄어들수록 나무의 비밀은 하나 더 늘어날지 모른다. 그것만으로도 충분히 아름답지 않을까?

나무는 나이 앞에 당당하다

나이 이야기를 꺼내기 전에 잠깐 '피부' 이야기부터 하고 넘어가야겠다. 나무가 무슨 피부? 당신은 이렇게 생각할지 모르겠다. 그러니 일단은 우리 인간의 입장에서 '피부'라는 현상에 접근해 보기로 하자. 피부는 우리의 내부를 외부 세계로부터 보호하고 수분이 빠져나가지 못하게 막아 주며 내장이 밖으로 흘러내리지 않게 잡아 주고, 더불어 가스와 수분을 방출 · 흡수하는 바리케이드다. 나아가 우리 혈관을 따라 퍼지고 싶어 안달이 난 병원균이 몸속으로 들어오지 못하게 차단한다. 또 접촉에도 민감하게 반응하는데, 느낌이 좋아 오래 지속되기를 바라는 접촉에도, 통증을 느껴 방어 반응을 불러일으키는 접촉에도 모두 예민하게 반응한다. 그런데 안타깝게도 피부는 원래 모습 그대로 가만히 있지 않고 세월의 흐름에 따라 천천히 처지고 늘어진다. 그로 인해 주름이 생기고, 우리의 얼굴은 누가 봐도 나이를 짐작할 수 있는 모습으로 변한다.

피부는 유지를 위해 재생 과정이 꼭 필요하다. 하지만 그 과정이란 것이 딱히 보기 좋은 광경은 아니다. 모든 사람의 피부에선 매일 약 1.5그램의 각질이 벗겨진다. 1년치를 합하면 무려 0.5킬로그램이 넘는다. 가히 압도적인 숫자다. 매일 100억 개의 입자가 우리 몸에서 떨어져 나가는 셈이니 말이다.[20] 상상만 해도 밥맛이 딱 떨어지지만 표피 조직을 항상 건강하게 유지하려면 반드시 거쳐야 하는 과정이다. 어린 시절엔 성장을 해야 하므로 특히 이 과정이 필수적이다. 안 그랬다간 자라나는 몸을 견디지 못하고 피부가 터져 버릴 테니까.

그럼 나무는 어떨까? 나무도 다르지 않다. 굳이 차이를 찾으라면 용어가 다르다는 정도일 것이다. 너도밤나무, 참나무, 가문비나무 등의 피부를 우리는 껍질이라고 부른다. 하지만 말은 달라도 그것들이 수행하는 기능은 사람의 피부와 똑같다. 예민한 내부 기관을 외부 세계의 공격으로부터 보호하는 기능이다. 껍질이 없다면 나무는 말라 죽고 말 것이다. 수분을 잃을 뿐만 아니라 호시탐탐 기회를 노리는 균류의 공격에 무방비 상태가 될 테니 말이다. 그래서 곤충들은 나무의 수분이 떨어지기를 기다린다. 껍질이 건강한 나무는 아무리 노려 봤자 성공 가능성이 희박하니까. 나무는 거의 사람의 것과 같은 비중의 수분을 몸속에 담고 있기 때문에 껍질에 구멍이 나면 우리가 피부에 상처가 났을 때 느끼는 것만큼 불쾌감을 느낀다. 그래서 그런 일을 막기 위해 우리와 비슷한 메커니즘을 작동시킨다. 수액이 충분한 나무는 연간 1.5~3센티미터씩 굵기가 늘어난다. 그러니까 원래는 껍질이 찢어져야 한다. 원래는 그래야 하는데 그렇지 않다는 소리다. 그런 일을 막기 위해 나무가 엄청난 양의 비늘을 벗겨 내어 피부를 계속 재생시키기 때문이다. 비늘의 크기도 나무의 체격에 비례하여 커지기 때문에 최대 20센티미터에 이르기도 한다. 바람이 심하게 불면서 비가 내리는 날 나무 밑을 한번 유심히 바라보라. 거기에 이런 나무 찌꺼기들이 우수수 떨어져 있을 것이다. 소나무의 경우 껍질이 빨갛기 때문에 특히 눈에 잘 띈다.

하지만 모든 나무가 똑같이 비늘 허물을 벗는 것은 아니다. 쉬지 않고 허물을 벗는 종이 있는가 하면(만일 사람이 그럴 경우 주변에서 모두들 비듬 방지용 샴푸를 써 보라고 적극 권할 것이다) 좀처럼 비늘을 떨어내지 않는 종도 있다. 누가 무엇을 어떻게 하는

지는 수피를 보면 알 수 있다. 수피는 껍질의 바깥층으로, 이미 죽은 조직이기 때문에 감각이 없는 갑옷의 역할을 한다. 수피는 나무 종을 구분하는 훌륭한 표식이다. 하지만 그것은 나무의 나이가 어느 정도 되었을 때의 이야기다. 수피에 균열이 나서 그것을 보고 구분을 해야 하기 때문이다. 여기서 균열이란 사람으로 치면 주름살에 해당한다. 어린 나무는 종을 불문하고 수피가 아기 엉덩이처럼 매끈하다. 나이가 들면서 (밑에서부터) 차츰 주름이 생기고 해가 갈수록 깊어진다. 이런 과정이 얼마나 빨리 진행되는가는 나무의 종에 달려 있다. 소나무와 참나무, 자작나무, 더글러스 소나무는 일찍 시작되지만 너도밤나무와 실버 전나무는 아주 오랫동안 매끈한 피부를 유지한다. 차이의 이유는 비늘을 벗는 속도다. 200살이 되어도 매끈한 은회색 껍질을 자랑하는 너도밤나무는 피부 재생률이 매우 높다. 덕분에 피부가 얇고 제 나이와 직경에 맞춰 정확히 피부를 관리하기 때문에 굳이 균열을 통해 면적을 넓힐 이유가 없다. 실버 전나무도 비슷하다. 하지만 소나무와 그 친구들은 게으름을 피우며 피부 재생에 별 관심을 보이지 않는다. 이유는 잘 모르겠지만 껍질을 버릴 마음이 별로 없는 것 같다. 물론 좋은 점도 있다. 남들보다 더 두꺼운 갑옷으로 무장하여 안전을 도모할 수 있으니까. 어쨌든 소나무는 허물을 너무나도 천천히 벗기 때문에 수피가 엄청나게 두껍고 바깥층의 경우 생긴 지 수십 년이나 된 경우도 심심찮다. 그러니까 나무가 아직 어리고 날씬할 때 생긴 수피인 것이다. 나이가 들어 허리가 굵어지면 이 바깥층이 벌어지면서 깊숙한 곳까지 균열이 발생한다. 어릴 때의 몸매에 맞추어 만든 껍질이기에 지금의 굵은 허리에 맞춰 피부를 늘이기 위한 목적이다. 그러므로 껍질의 주름이 깊을수록 그 종이 게으르다는 뜻이다. 이런 현상은 나이가 들면서 더욱 확연해진다. 너도밤나무 역시 중년을 넘어서면서 같은 운명을 겪는다. 역시나 밑에서부터 주름살이 잡히기 시작한다. 그걸 온 세상에 알리고 싶어 안달이 난 듯 이제 이끼가 그 벌어진 틈으로 밀고 들어와 터를 잡기 시작한다. 비가 내리면 그곳에 빗물이 고여 이끼를 적신다. 따라서 너도밤나무 숲의 나이는 멀리서 봐도 금방 짐작할 수 있다. 푸른 이끼가 어느 정도의 높이까지 나무줄기를 잠식했느냐에 따라 나무의 나이가 많아지기 때문이다. 나무는 개체이고 주름 형성은 기질이다. 젊은 나이인데도 같은 나이의 동료들보다 훨씬 주름살이 많은 나무들도 있다. 내 구역에 사는 너도밤나무 몇 그루는 100살밖에 안 되었는데도 벌써 줄기 전체의 수피가 거칠거칠하다. 보통은 그 정도로 거칠어지려면 150살은 되어야 하는데 말이다. 그 원인이 오직 유전자에만 있는 것인지 아니면 과도한 생활 변화도 한몫을 하는 것인지는 아직 명확하지 않다. 적어도 몇 가지 요인은 우리 인간과 유사하다. 우리 정원의 소나무들은 주름이 아주 깊다. 나이만 봐서는 그 정도의 깊이가 될 수 없다. 100살이면 이제 막 어린애 티를 벗을 나이이니까. 그런데 그 나무들은 1934년부터 줄곧 햇빛에 노출되었다. 그해 우리 지도원들이 묵을 관사를 짓느라 토지 일부를 개간했고 그 둘레의 남은 소나무들에게 빛이 쏟아지게 된 것이다. 햇빛이 많으면 햇볕도 많고 자외선도 많다. 우리의 피부 노화를 유발하는 자외선이 나무라고 해서 봐줄 리 없다. 햇빛이 드는 쪽의 수피가 더 딱딱하여 탄성이 떨어지고 갈라진다.

'피부병'도 한 가지 원인일 수 있다. 사춘기의 여드름이 평생 남는 흉터가 될 수 있듯 나무도 왕진디의 습격을 받으면 표면이 거칠어질 수 있다. 주름은 안 생겨도 수천 개의 작은 구멍과 종기가 생겨 평생 없어지지 않는다. 그것이 고름이 잡히고 진물이 흐르는 상처로 발전하면 그 진물에 박테리아가 살게 되고 그 부위가 검은색으로 변한다. 피부는 영혼의(혹은 건강의) 거울이라고 했다. 나무의 피부도 마찬가지다.

늙은 나무들은 숲의 생태계에서 매우 특별한 기능을 떠맡는다. 중부 유럽의 경우 태고의 원시림이 남아 있지 않다. 오래되었다고 자랑을 하는 숲도 찾아보면 겨우 200년에서 300년 사이다. 이런 보호 구역들이 원시림이 될 때까지는, 따라서 진짜 고령의 나무들이 숲에서 어떤 멋진 역할을 하는지 이해하기 위해서는 캐나다의 서해안으로 달려가야 한다. 몬트리올 맥길 대학McGill University의 조에 린도Zoë Lindo 박사가, 막내 나이가 500살인 고령 시트카 가문비나무들을 연구하였기 때문이다. 나무의 일반 가지와 V자형 가지에 대량의 이끼가 둥지를 틀려면 그 정도 나이는 되어야 한다. 그 초록 이끼 속에는 다름 아닌 공기 중의 질소를 붙잡아 나무가 흡수할 수 있는 형태로 바꾸어 주는 남세균*들이 산다. 비가 오면 이 자연 거름이 씻겨 내려가고, 그것을 밑에서 기다리던 뿌리가 쭉쭉 빨아들인다. 따라서 늙은 나무는 숲에 거름을 주어, 아직 이끼를 등에 업고 살지 못하는 후손들이 더 좋은 여건에서 출발할 수 있도록 돕는다. 이끼는 아주 천천히 자라는 데다 나무의 나이가 적어도 몇십 년은 되어야 둥지를 틀기 때문이다.[21]

피부와 이끼 이외에, 나무의 나이를 말해 주는 또 다른 신체 변화가 있다. 바로 수관이다. 내 경우와도 유사하다. 내 머리는 저 위쪽이 성기다. 젊은 시절에는 안 그랬는데 요즘엔 안이

---

* 녹색 색소인 엽록소를 가지고 광합성을 하는 세균을 통틀어 남세균이라고 한다. 엽록소 외에도 카로티노이드, 피코빌린 같은 보조 색소를 지닌 남세균도 있다. 남조세균, 시아노박테리아라고도 부른다.

훤히 들여다보일 만큼 휑하다. 나무의 제일 꼭대기에 있는 가지도 크게 다르지 않다. 일정한 나이가 되면, 즉 수종에 따라 100~300살 정도가 되면 해마다 순의 길이가 짧아진다. 그런 짧은 가지 순들이 나란히 모여 있으면 활엽수의 경우 가지 모양이 류머티즘 때문에 비틀어진 손처럼 발톱 모양으로 휜다. 침엽수의 경우는 똑바로 자란 줄기의 꼭대기에서 순의 길이가 짧아지다가 결국에는 전혀 자라지 않는다. 가문비나무는 이런 상태에서 멈추지만 실버 전나무는 꼭대기가 갑자기 옆으로 퍼지면서 꼭 큰 새가 둥지를 지어 놓은 모양이 된다. 그래서 학자들은 이런 현상을 '황새 둥지 수관'이라고 부른다. 소나무는 일찍부터 그런 모양새를 띠기 시작하므로 나이가 들면 전체 수관이 옆으로 퍼져서 꼭대기가 어디인지 알 수가 없다. 어쨌든 모든 나무는 나이가 들면서 서서히 위로 올라가는 키 성장을 멈춘다. 뿌리와 혈관 시스템이 너무 노쇠하여 더 위로는 물과 영양소를 올려 보낼 수가 없다. 대신 이제는 옆으로 찌기 시작한다. (사람도 나이가 들면 옆으로 퍼지는데….) 그러나 이런 정지 상태마저 오래 유지될 수 없다. 세월의 힘을 거스르지 못해 점점 기력이 쇠약해지기 때문이다. 이제 나무는 제일 꼭대기의 가지들을 보살필 수 없게 되고, 결국 그 가지들은 말라 죽고 만다. 노인들이 키가 자꾸 줄어들듯 나무도 한 해 한 해 키가 작아진다.

그러다 폭풍이 불어오면 말라 죽은 가지가 수관에서 떨어져 나가고, 그렇게 한번 청소를 마치면 잠깐 동안은 다시 나무가 생생해 보인다. 이런 과정이 해마다 반복되고, 수관은 우리가 볼 때는 거의 못 알아챌 정도로 부피를 줄여 간다. 꼭대기의 잔가지들이 모조리 떨어져 나가도 굵은 가지들은 나무에 붙어 있다. 물론 이것들 역시 이미 죽었지만 이런 가지는 쉽게 떨어지지 않는다. 이제 나무는 고령은 물론 노환도 더 이상 숨길 수가 없게 된다.

늦어도 이 정도 나이가 되면 다시 나무껍질에 문제가 발생한다. 진물이 흐르는 작은 상처들은 균류가 들어오는 입구가 된다. 균류의 승전 행렬은 줄기에 달라붙어 해마다 커지는 화려한 버섯들(찻잔을 반으로 잘라 놓은 모양이다)을 통해 입증이 된다. 그것들이 나무 안으로도 밀고 들어가 모든 바리게이트를 무너뜨리고 저 깊은 적목질에까지 침투한다. 그러고는 종류에 따라 그곳에서 저장된 당 화합물을 먹어 치우거나, 심할 경우 셀룰로오스와 리그닌까지 먹어 치운다. 그렇게 나무의 뼈대는 분해되어 서서히 가루가 되어 가지만 그럼에도 나무는 수십 년을 더 이런 공격에 용감하게 저항한다. 점점 커지는 상처의 좌우로 새로운 목질을 형성하고 그것을 두꺼운 나무 혹으로 감싼다. 한동안은 그 방법으로 쓰러져 가는 몸뚱이를 격렬한 폭풍에 맞서 지켜 낸다. 하지만 결국엔 때가 오고야 만다. 줄기가 부러지고 나무의 생명은 끝이 난다. "드디어!" 일각이 여삼추로 목을 빼고 기다리던 어린 나무들의 환호성이 들리는 것 같다. 이제 이 어린 나무들은 삭아 가는 엄마 나무의 그루터기를 뛰어넘어 위로, 위로 올라갈 것이다. 하지만 삶이 끝났다고 해도 숲을 위한 나무의 헌신은 아직 끝나지 않는다. 썩어 가는 나무의 시신은 수백 년에 걸쳐 생태계에서 아주 중요한 역할을 한다. 하지만 오늘은 여기까지. 이에 대해서는 뒤에서 더 이야기하기로 하자.

참나무는 약골?

내가 관리하는 구역을 걸어 다니다 보면 골골거리는 참나무를 자주 목격한다. 정말로 심하게 허약한 것들도 적지 않다. 가장 확실한 신호가 바로 줄기에 난 공포의 잔가지들이다. 사방으로 삐죽삐죽 솟아났다가 이내 다시 말라 죽고 마는 작은 가지의 다발이다. 이런 가지들은 나무가 오랫동안 죽음의 공포에 시달리다가 패닉 상태에 빠졌다는 증거다. 저 아래쪽에서 잎을 피워 보려는 이런 나무들의 노력은 그러나 전혀 의미가 없다. 참나무는 빛을 좋아하는 양수陽樹 종이다. 광합성을 하려면 빛이 아주 환해야 한다. 그러니까 아래쪽의 미광으로는 아무

것도 할 수가 없고, 결국 쓸모없는 장치는 이내 폐기된다. 건강한 나무는 애당초 그런 가지를 만드는 데 에너지를 투자하지 않는다. 그럴 힘이 있으면 차라리 저 위쪽 수관을 더 확장할 것이다. 적어도 참나무가 평온한 상태에서는 그렇다. 하지만 중부 유럽의 숲은 참나무가 살기 좋은 곳이 아니다. 이곳은 너도밤나무의 고향이기 때문이다. 너도밤나무는 말할 수 없이 사교적이지만 그건 너도밤나무 친구들한테나 통하는 소리다. 다른 종의 나무들은 못살겠다고 항복할 때까지 정말 엄청나게 괴롭히고 갈군다.

시작은 미미하기 이를 데 없다. 어느 날 어치 한 마리가 큰 참나무 발치에 너도밤나무 열매 하나를 묻는다. 그런데 그해엔 유난히 저장해 둔 식량이 많아서 그 열매를 먹지 않고 내버려 두었고, 이듬해 봄 열매는 싹을 틔운다. 그리고 수십 년에 걸쳐 아무도 모르게 조용조용 위로 뻗어 올라간다. 보살펴 줄 엄마 나무는 없지만 늙은 참나무가 그늘을 만들어 준 덕분에 너도밤나무 아기는 천천히 건강하게 무럭무럭 자란다. 그러나 이렇게 평화로운 땅 위의 광경은 알고 보면 땅속 생존 투쟁의 시작이다. 너도밤나무의 뿌리는 참나무가 활용하지 않는 모든 틈을 파고든다. 그리고 그 틈으로 잠입한 뿌리를 이용해 참나무가 보관해 둔 물과 양분을 마구 빨아들이고, 그로 인해 참나무는 점점 허약해진다. 150년 정도 세월이 흐르면 꼬마 나무는 완전히 어른이 되어 서서히 참나무의 수관 속으로까지 가지를 뻗어 나간다. 그리고 그 상태가 몇십 년 더 유지된다. 참나무와 달리 너도밤나무는 실질적으로 평생 동안 수관을 확장하며 계속 성장할 수 있다. 이젠 너도밤나무 잎도 직사광선을 받게 될 테니 엄청난 양의 에너지로 뻗어 나갈 것이다. 화려하고 멋진 수관을 만들 것이고, 너도밤나무 종의 특성대로 햇빛의 97퍼센트를 흡수할 것이다. 너도밤나무에 가린 참나무는 어떻게 되겠는가? 참나무의 잎들이 빛을 찾아 허덕일 테지만 전부 다 허사다. 당분의 생산량은 급감할 것이고 비축해 둔 당분도 점점 떨어져 간다. 그렇게 참나무는 천천히 굶어 죽는다. 참나무는 저 강력한 경쟁자와 맞서서는 도저히 기회가 없다는 것을, 이제는 두 번 다시 더 위로 올라가 너도밤나무를 덮어 버릴 수 없다는 것을 깨닫는다. 그래서 궁색하나마, 아니 어쩌면 미칠 것 같은 두려움 때문에 규칙에 위배되는 짓을 저지른다. 줄기 저 아래쪽에 가지와 잎을 만드는 것이다. 이런 잎들은 특히 크고 부드러워 수관의 잎보다 적은 빛을 잘 활용한다. 그럼에도 3퍼센트는 너무 적다. 참나무는 너도밤나무가 아니다. 따라서 이런 공포의 잔가지는 금세 다시 말라붙고, 그나마 남아 있던 귀한 에너지만 쓸데없이 낭비한 꼴이 되었다. 이렇게 배를 곯으면서 참나무는 그래도 몇십 년을 더 버티지만 결국엔 포기하고 수건을 던진다. 더 이상 힘이 남아 있지 않은 상태에서 비단벌레가 마지막 고통을 덜어 준다. 비단벌레가 껍질에 알을 낳고, 알에서 깨어난 애벌레가 참나무의 피부를 갉아 먹는다. 갈 곳 없는 가엾은 참나무는 그렇게 한 많은 삶을 마감한다.

참나무는 원래가 이렇게 약골인가? 그렇게 비실대는 나무가 어떻게 독일에서 끈기와 장수의 상징으로 자리 잡았을까? 대부분의 독일 숲에서 참나무는 너도밤나무와 겨루어 승산이 없다. 하지만 경쟁자가 없을 경우엔 대단한 끈기를 발휘할 수 있다. 예를 들어 노지나 경작지의 경우가 그렇다. 너도밤나무는 숲이라는 친숙한 환경이 조성되지 못하면 수령 200년을 넘기기가 힘들다. 하지만 낡은 농가 옆이나 초지에 우뚝 선 참나무는 500살을 넘기고도 태평하게 살아간다. 줄기에 깊은 상처가 나도, 번개에 맞아 넓은 균열이 생겨도 참나무는 아랑곳하지 않는다. 참나무의 목질은 부패 과정을 억제하고 균류를 쫓아내는 물질로 촉촉이 젖어 있다. 대부분의 곤충이 이 물질을 만나면 화들짝 놀라 도망을 치는 데다, 어쩌다 보니 이 물질은 전혀 의도치 않게 포도주의 풍미까지 더해 준다. 그래서 프랑스 보르도Bordeaux에선 참나무통에 포도주를 보관하는 방식으로 바리크barrique 와인을 만든다. 참나무는 수관을 머리에 인 큰 가지가 부러져 상처가 심해도 그것을 대체할 다른 수관을 만들어 수백 년을 더 살 수 있다. 너도밤나무라면 엄두도 못 낼 일이다. 더구나 숲 밖에서 사랑하는 친구들도 없이 혼자 있으면서 어떻게 그럴 수가 있을까? 너도밤나무는 폭풍에 한 번 희생될 경우 길어 봤자 몇십 년밖에 더 살지 못한다.

내가 관리하는 구역의 참나무들도 인내와 끈기를 자랑한다. 햇빛이 특히 강한 남쪽 비탈에 몇 그루 참나무가 있는데 뿌리가 매끈한 바위를 움켜쥐고 있다. 햇빛이 바위를 달구어 도저히 견딜 수 없이 뜨거워지면 남아 있던 수분마저 모조리 증발한다. 겨울에도 살을 에는 추위가 뿌리를 파고든다. 두꺼운 흙과 그 위를 덮은 나뭇잎이 없으니 맨몸으로 추위를 견뎌야 한다. 약한 바람만 불어도 바위에 붙은 것이 다 쓸려 내려가기 때문에 볼품없는 지의류* 몇 개를 빼면 아무것도 그 바위에서 살지 못한다. 그마저 그 지의류들이 열기나 냉기를 막아 줄 리도 없다. 그러니 그곳에 붙어사는 나무들은 100년이 지나도 줄기가 가늘고 키도 채 5미터를 넘지 못한다. 울창한 숲에 사는 친구들은 키가 이미 30미터를 넘었고 몸통도 굵고 튼실하지만 이 금욕주의자 참나무들은 하루하루를 견뎌 내며 잡목 수준의 키

---

* 균류와 조류藻類가 공생하는 식물군.

와 덩치에 만족한다. 하지만 끝까지 죽지 않고 살아남는다! 편히 살던 나무라면 아마 금방 포기하고 말았을 것이다. 그러나 우리의 참나무는 워낙 힘들고 어려운 상황에서 단련이 되다 보니 웬만한 난관쯤 끄떡도 않고 견딘다. 그것이 이런 척박한 환경의 장점이라면 장점일 것이다. 또 다른 나무 종과 경쟁을 해야 하는 걱정도 없으니, 그것 역시 적잖이 장점이다.

참나무의 두꺼운 수피는 너도밤나무의 매끈하고 얇은 수피보다 훨씬 튼튼해서 외부의 많은 적을 물리친다. 덕분에 속담의 주인공이 되는 영광도 얻었다. 독일에는 이런 속담이 있다. "멧돼지가 와서 아무리 문질러 봤자 늙은 참나무야 무슨 대수랴?"

전문가

나무는 극단적인 환경에서도 살 수 있다. 살 수 있다고? 아니 살아야 한다! 한번 땅에 떨어진 씨앗은 바람이나 동물이 도와주지 않는 한 다른 곳으로 갈 수가 없기 때문이다. 게다가 일단 봄에 싹을 틔웠다 하면 이미 주사위는 던져졌다. 이제부터 그 묘목은 평생 동안 그 한 조각 땅에 뿌리를 내리고 그 땅이 주는 것에 만족하며 살 수밖에 없다. 안타깝게도 대부분의 아기 나무들에게 현실은 가혹하기만 하다. 행운의 여신이 그들에게 구원의 손길을 건네지 않았기 때문이다. 빛을 좋아하는 벚나무가 큰 너도밤나무 밑에서 싹을 틔운다. 주변이 깜깜해서 엄청나게 답답할 것이다. 반대로, 잎이 부드러운 너도밤나무가 노지에 착륙하면 그 따가운 햇살에 잎이 타 버린다. 습지에 날아든 아기 나무는 뿌리가 썩을 것이고 사막에 터를 잡은 아기 나무는 목이 말라 죽을 것이다. 바위나 큰 나무의 V자 모양 가지처럼 영양을 전혀 얻을 수 없는 곳에 터를 잡은 경우 특히 더 불행하다. 아주 잠깐 행운이 찾아왔다 그냥 떠나 버리는 경우도 있다. 예를 들어 부러진 줄기의 그루터기 위에 씨앗이 떨어진 경우다. 씨앗은 썩어 가는 그루터기 속으로 뿌리를 뻗으며 작은 나무로 성장한다. 하지만 가뭄이 심한 여름, 죽은 나무의 목질에 남은 마지막 습기마저 다 증발하고 나면 나무는 목이 타서 허덕이다 결국 말라 죽는다.

나무들이 꿈꾸는 지상낙원은 대개 다 비슷한 모습이다. 유럽에 사는 대부분의 수종이 생각하는 행복의 기준이 다 거기서 거기이기 때문이다. 모두가 영양이 풍부하고 몇 미터 아래까지 통풍이 잘되는, 딱딱하게 굳지 않은 보슬보슬한 땅을 좋아한다. 또 습기가 많아야 하는데 특히 여름에 그렇다. 너무 더워서도 안 되고 너무 추워서도 안 된다. 눈은 적당하게 와야 하는데 녹으면서 땅을 충분히 적실 정도는 되어야 한다. 앞에 산이 가려 주어 태풍이 와도 피해가 적어야 하고 껍질과 목질을 공격하는 균류와 곰팡이가 많이 살지 않아야 한다. 아마 나무들에게 살고 싶은 곳을 이야기해 보라면 꼭 이런 모습일 것이다. 하지만 이런 낙원은 지상 어디에도 없다. 그리고 그 덕분에 우리는 지금과 같은 종의 다양성을 누릴 수가 있다. 만일 지금의 중부 유럽에 그런 지상낙원이 찾아온다면 경주에서 1등을 할 너도밤나무만 창궐할 테니 말이다. 너도밤나무는 유익한 환경을 완벽하게 활용하여 모든 경쟁자들을 내쫓는다. 무턱대고 경쟁자의 수관 속으로 밀고 들어가 그 위로 자신의 가지를 뻗어 상대의 수관을 덮어 버린다. 그러므로 그런 무시무시한 경쟁자와 싸워 살아남으려면 아이디어가 필요하다. 경쟁자와는 다른 방식으로 승부를 걸어야 한다. 물론 그러자면 어려움이 많다. 너도밤나무 옆에서 자신만의 틈새, 즉 생태적 니치*를 찾아내기 위해서는 특정 부분에서 금욕주의자가 되어야 한다. 생태적 니치라고? 지구에 있는 생활 공간 대부분은 이상적인 조건이 아니다. 아니, 오히려 그 반대다. 살기 힘든 장소가 넘쳐 난다. 그런 곳에서 잘 버티는 자는 널리 널리 퍼져 나가 거대한 지역을 정복할 수 있을 것이다. 가문비나무가 대표적인 나무다. 가문비나무는 여름이 짧고 겨울이 혹독하게 추운 곳이면 어디서나 뿌리를 내릴 수 있다. 시베리아, 캐나다, 스칸디나비아 같

* 어떤 생물이 그 생물 공동체 안에서 차지하고 있는 지위. 생태적 지위라고도 한다.

은 지역은 식물의 생장기가 불과 몇 주밖에 안 되기 때문에 너도밤나무라면 잎도 채 피우기 전에 생장기가 끝날 것이다. 더구나 겨울 추위가 혹독하기 때문에 생장기를 무사히 견디고 살아남았다 해도 결국 얼어서 죽고 말 것이다. 그런데 가문비나무는 바로 이런 점에서 두드러진 활약상을 보인다. 가문비나무의 침엽과 껍질에는 일종의 부동액 역할을 하는 에테르 오일이 들어 있다. 그래서 추운 계절이 와도 잎이 떨어지지 않고 가지에 그대로 매달려 있다. 봄이 되어 날씨가 풀리면 곧바로 광합성을 시작할 수 있다. 단 하루도 허비하지 않는다. 덕분에 불과 몇 주만 있으면 당분이나 목질을 만들 수 있고 해마다 몇 센티미터씩 자랄 수가 있다. 물론 잎을 가지에 매달고 있으면 위험이 크다. 잎에 눈이 쌓여 하중이 더해지다 보면 나무가 부러질 수도 있다. 그런 사태를 미연에 방지하기 위해 가문비나무는 두 가지 전략을 구사한다. 첫째, 보통 가문비나무는 완벽하게 곧은 줄기를 만든다. 수직으로 곧게 뻗어 있는 것은 쉽게 균형을 잃지 않는다. 둘째, 가지가 여름에는 수평으로 뻗어 있다가 눈이 내리자마자 천천히 아래로 처져 기와 모양으로 차곡차곡 포개진다. 그래서 서로에게 지지대가 되어 주며, 위에서 봤을 때 실루엣이 눈에 띄게 작아진다. 그럼 대부분의 눈이 나무를 비켜 떨어질 것이다. 특히 고원 지대나 유럽 북부 등 눈이 많은 지역에 사는 가문비나무는 이런 효과를 강화하기 위해 가지가 짧고, 매우 좁고 긴 수관을 만든다.

그렇지만 가지에 붙어 있는 잎은 또 다른 위험을 불러온다. 바람의 공격을 받을 면적을 키워 폭풍에 쉽게 쓰러질 수 있는 것이다. 그런 사태를 막기 위해 가문비나무는 극도로 느린 성장을 선택했다. 수령이 수백 년인 나무들도 키가 채 10미터를 넘지 않는다. 통계적으로 25미터를 넘지 않으면 바람으로 해를 입을 위험이 크지 않다.

독일에는 주로 너도밤나무 숲이 많다. 그런데 이 나무는 빛을 거의 땅으로 보내지 않는다. 바로 그 점에 착안하여 생존 전략을 짠 나무가 주목이다. 주목은 절제와 인내의 상징이다. 아무리 노력해도 너도밤나무를 따라잡을 수 없다는 사실을 잘 알기에 주목은 숲의 아래층을 노렸다. 이곳에서 너도밤나무가 잎틈으로 내려보내 주는 3퍼센트의 남은 빛을 이용해 살아간다. 하지만 워낙 열악한 환경이다 보니 겨우 몇 미터 정도의 키에 자손을 볼 정도로 성장하는 데에만 100년을 꽉 채워야 할 때도 많다. 그러는 동안 얼마나 많은 일이 일어나겠는가? 노루가 와서 수십 년 동안 애써 키운 가지와 잎을 싹둑 베어 먹어 버린다. 목숨이 다한 너도밤나무가 쓰러지면서 주목을 깔아 버린다. 하지만 끈질긴 나무는 이 모든 사태에 예방 조치를 강구해 두었다. 애당초 다른 종보다 훨씬 더 많은 에너지를 뿌리의 확장에 투자하는 것이다. 뿌리에 영양분을 저장해 두었다가 지상에서 사고가 발생해 그동안의 노력이 모두 물거품으로 돌아가도 저장된 영양분을 바탕으로 씩씩하게 처음부터 다시 출발한다. 그러다 보니 줄기가 여러 개 자라다가 나중에 고령이 되어 붙어 자라는 경우도 적지 않다. 덕분에 나무가 우글쭈글해 보이지만 어쨌거나 그런 식으로 오래 살 수 있다. 주목은 대부분의 덩치 큰 경쟁자들을 이기고 1000년 이상 살아남는다. 그렇게 오랜 세월을 살다 보면 자신을 가린 늙은 나무가 생명을 다하면서 반가운 햇살이 비쳐 드는 때도 있을 것이다. 그래도 주목은 20미터 이상 키를 키우지 않는다. 원체 욕심이 없는 나무라 굳이 위로 자라려고 애쓰지 않는다.

자작나무과인 유럽서어나무도 주목을 따라 하려고 애를 쓰지만 주목처럼 욕심이 전혀 없지는 않아서 빛을 조금 더 많이 원한다. 서어나무는 너도밤나무 밑에서도 잘 견디지만 큰 나무로 성장하지는 않는다. 20미터를 넘는 경우는 거의 드문데, 그마저도 참나무 같은 양수 종 밑에서만 가능한 키다. 양수 종 밑에 있으면 마음껏 허리를 펼 수 있고, 또 서어나무가 큰 참나무를 방해하지 않기 때문에 두 종이 사이좋게 나란히 살아간다. 하지만 이런 평화로운 광경을 가만히 두고 볼 너도밤나무가 아니다. 너도밤나무가 끼어들어 두 종 모두를 추월해 자라기 시작하고 결국 참나무를 뒤덮어 버린다. 그래도 서어나무는 잘 견딘다. 그늘에서도 잘 견디고 가뭄과 더위도 잘 견딘다. 그래서 가문 남쪽 비탈 같은 곳에서 너도밤나무가 견디지 못하고 쓰러질 때 서어나무에게 다시 한 번 기회가 찾아오는 것이다.

질퍽거리는 땅, 흐르지 않아 산소가 부족한 물, 이런 곳에선 대다수 나무 종의 뿌리가 못 버티고 썩는다. 수원 지역이나 물이 범람하여 늘 질퍽거리는 개천가 등이 바로 그런 곳이다. 그곳에 너도밤나무 열매 하나가 길을 잃고 찾아들었다가 싹을 틔운다. 처음에는 나무랄 데 없이 훌륭한 나무로 자랄 것이다. 하지만 어느 여름 폭풍이 몰아치면 뿌리가 썩어 잡을 곳이 없어진 나무는 중심을 잃고 쓰러질 것이다. 가문비나무, 소나무, 유럽서어나무, 자작나무도 그런 썩어 가는 물속에 계속 발을 담그고 서 있으면 비슷한 문제를 겪는다. 그런데 오리나무는 전혀 그렇지 않다. 오리나무는 전체 높이가 30미터 정도로 경쟁자들에 비해 큰 편은 아니지만 남들이 싫어하는 습지에서 신나게 잘 자랄 수 있다. 비밀은 뿌리 속에 있는 통풍관이다. 잠수부가 관을 통해 육지와 연결되듯 뿌리는 그 관을 통해 미세한 끝부분까지 산소를 공급받는다. 또 줄기 아래쪽에 코르크 세포가 있어 공기 유입이 가능하다. 물론 수위가 장기간 이 통풍구보다 높아 산소 유입을 막을 경우엔 공격적인 균류의 습격에 뿌리가 희생될 수 있다.

나무일까, 나무가 아닐까?

나무란 정확히 무엇일까? 사전을 찾아보면 나무는 줄기나 가지가 단단한 목질로 된 여러해살이 식물을 말한다. 또 단일 몸통 줄기, 즉 하나의 굵은 수간이 있어야 하며 계속해서 위로 자란다. 이에 반해 여러 개의 줄기 혹은 가지들이 모여 덤불을 이루는 경우는 관목이라 부른다. 그럼 크기는 중요하지 않나? 숲이라기보다는 덤불의 집합처럼 보이는 지중해권 숲의 보고서를 볼 때마다 나는 늘 헷갈린다. 자고로 나무란 그 거대한 수관 아래 서면 마치 풀숲 개미가 된 듯 겸허한 마음이 들게 하는 웅장한 존재다. 하지만 나무의 나라를 여행하다 보면 소인

국에 온 걸리버가 된 듯한 느낌을 불러일으키는, 전혀 다른 나무 나라의 대표들을 많이 만난다. 툰드라의 난쟁이나무들은 등산객들이 아무 생각 없이 밟고 지나갈 만큼 키가 작다. 100살인데 키가 20센터를 넘지 않는 경우도 많다. 그래서인지 학계에서는 이것들을 나무로 인정하지 않는다. 이름에서도 짐작할 수 있듯 평평자작나무betula humilis 역시 마찬가지 취급을 받는다. 줄기라고 부르기도 민망한데 어쨌든 그것의 줄기는 최고 3미터까지 자라기도 하지만 대부분은 우리 눈높이에도 못 미친다. 그래서 사람들에게 자주 무시를 당한다. 그렇지만 같은 기준을 들이댄다면 어린 너도밤나무나 마가목 역시 나무라고 불러서는 안 될 것이다. 그러잖아도 키가 안 커서 고민인데 노루나 사슴 같은 큰 포유동물이 자꾸 베어 먹는 통에 몇십 년이 지나도 관목처럼 키가 채 50미터를 못 넘기니 말이다.

나무를 베면 어떻게 될까? 나무가 죽을까? 동료들의 도움으로 목숨을 부지하는, 앞에서 소개했던 수백 년 된 그루터기는 그럼 어떻게 되는 걸까? 그 그루터기는 나무일까? 나무가 아니라면 무엇일까? 이 그루터기에서 새 줄기가 자랄 경우 문제는 더 복잡해진다. 그런데 숲에서는 그런 일이 다반사다. 수백 년 전만 해도 숯쟁이들이 활엽수를 베어 숯을 만들었다. 그때 남은 그루터기에서 새 줄기들이 솟아났고, 이것들이 지금의 활엽수 숲을 이룬 근간이다. 특히 참나무와 유럽서어나무의 숲은 그런 맹아림*에서 시작된 숲이다. 이런 숲에선 벌목과 재생이 몇십 년의 간격을 두고 반복되었고, 그 결과 나무들이 완전히 자라 거목이 될 기회가 없었다. 당시만 해도 사람들이 너무 가난해서 나무가 다 자랄 때까지 기다려 줄 여유가 없었던 것이다. 요즘도 숲을 산책하다 보면 덤불처럼 줄기가 여러 개이거나 반복적인 벌목으로 줄기의 발치가 혹처럼 딱딱해진 나무들을 볼 수 있다. 가난했던 우리 과거의 흔적들이다.

그럼 이런 줄기들의 나이는 어떻게 계산할까? 줄기가 나온 시점부터 계산할까? 그래서 아기인 줄 알았는데 알고 보니 1000년이 넘은 고목? 학자들도 똑같은 의문을 품고서 스웨덴 달라르나Dalarna 지방의 늙은 가문비나무들을 조사하였다. 그중 최고령인 나무는 납작한 덤불 모양이었는데, 그 덤불이 작은 줄기 하나를 양탄자처럼 에워싸고 있었다. C14 측정법으로 뿌리의 목질을 조사해 보니 이것들은 전부가 한 나무에서 나온 것이었다. C14, 즉 방사성 탄소는 대기 중에서 쉬지 않고 형성되었다가 다시 분해된다. 따라서 다른 탄소와의 비율이 항상 동일하다. 그런데 목질 같은 비활성 생물질과 결합하면 새로운

---

* coppice, 임목을 벌채한 후 근주根株에서 발생한 맹아에 의해 성림成林이 된 산림.

방사성 탄소의 흡수는 중지되고 분해만 계속 진행된다. 따라서 탄소의 비율이 낮을수록 그 물질의 연대는 오래된 것이다. 이 방법으로 그 가문비나무의 나이를 계산했더니 무려 9550살이라는 믿을 수 없는 결과가 나왔다. 물론 각 가지의 나이는 더 적었지만 학자들은 그 새 가지들이 독립된 하나의 나무가 아니라 전체의 일부라고 판단했다.[22] 나는 그 판단이 옳다고 생각한다. 분명 지상의 가지보다는 뿌리가 훨씬 더 중요할 테니까 말이다. 유기체의 생존을 좌우하는 것은 결국 뿌리다. 격심한 기후 변화를 이겨 내고 새 가지를 만들어 내는 곳도 뿌리다. 오늘날까지 그 나무를 생존시킨 수천 년의 경험이 저장된 곳도 뿌리다. 나아가 이 가문비나무는 그동안 당연시되던 몇 가지 학설을 폐기하게 했다. 첫째, 지금껏 누구도 가문비나무가 500년 이상 살 수 있다고 생각하지 않았다. 둘째, 지금껏 가문비나무는 현재로부터 약 200년 전 빙하기가 끝나면서 스웨덴의 그 지역에 도착했다고 믿었다. 나는 이 보잘것없는 작은 덤불이야말로 숲과 나무에 대한 우리의 지식이 얼마나 얕으며, 숲이 감추고 있는 비밀과 기적이 얼마나 더 엄청난지를 보여 주는 증거라고 생각한다.

뿌리가 왜 더 중요한 부위인가 하는 문제로 돌아가 보자. 아마 나무의 두뇌에 해당하는 것이 그곳에 있기 때문일 것이다.

두뇌라고? 좀 지나치지 않은가? 그럴지도 모르겠다. 하지만 나무도 학습을 할 수 있다는, 그러니까 경험을 저장할 수 있다는 사실을 알게 된다면 누구나 자연스럽게 그에 해당하는 장소를 나무에서 찾을 것이다. 그것이 어디에 있는지는 아직 아무도 모른다. 하지만 뿌리가 이런 목적에 가장 적합한 장소인 것도 사실이다. 첫째, 스웨덴의 그 가문비나무 고목은 지하의 뿌리가 가장 오래가는 기관이라는 사실을 보여 주었다. 그러니 뿌리가 아니라면 어디에다 그렇게 장기적으로 중요한 정보들을 저장했겠는가? 둘째, 현재의 연구 결과들은 이 부드러운 뿌리 조직이 깜짝 놀랄 만한 능력을 갖추었다는 사실을 입증한다. 뿌리가 화학 작용을 통해 모든 활동을 조종한다는 것은 지금까지도 논란의 여지가 없는 사실이다. 인간의 명예를 훼손하는 주장이라고? 그렇게 생각할 것 없다. 우리의 경우도 사실 많은 과정이 전달 물질을 통해 규제된다. 뿌리는 물질을 흡수하여 그것을 전달하며 광합성 생산물을 균류 파트너에게로 인도하고 심지어 이웃 나무들에게 경고성 물질을 전달한다. 그렇긴 하지만 과연 두뇌라는 말까지 써도 되는 것일까? 두뇌라고 부르려면 신경 과정neural process이 필요하고 전달 물질 이외에도 전류가 있어야 한다. 그런데 바로 그 전류를 측정할 수가 있다. 이미 19세기부터 측정해 왔다. 오래전 학자들 사이에서 격론

이 불붙었다. 식물이 생각을 할 수 있을까? 식물에게도 지능이 있을까?

독일 본 대학Rheinische Friedrich-Wilhelms-Universität Bonn 세포 및 분자 식물학 연구소의 프란티제크 발루스카Frantisek Baluska와 동료들은 식물의 뿌리 끝에 두뇌와 비슷한 조직이 있다고 주장한다. 신호선signal line 이외에도 몇 가지 동물과 비슷한 장치와 분자들이 있다는 것이다.[23] 땅속을 더듬거리며 앞으로 나아가는 뿌리는 자극을 수용할 수 있다. 전이대*에서 처리되어 행동 변화로 이어지는 전기 신호를 측정할 수 있다. 유독 물질이나 뚫고 지나갈 수 없는 돌, 물기가 너무 많은 땅을 만나면 뿌리는 상황을 분석하여 필요한 변화를 생장 부위로 전달한다. 그럼 그것이 방향을 바꾸어 위험 지역을 피해 돌아가도록 잔뿌리들을 조종한다. 하지만 이 정도를 가지고 과연 뿌리를 지성과 기억력, 감성의 장소라고 부를 수 있을까? 아마 식물학자들의 다수는 고개를 가로저을 것이다. 이들의 거부감은 무엇보다도 이렇게 식물의 상태를 동물의 상황에 적용하다 보면 결국 동물과 식물의 경계가 무너질지도 모른다는 두려움에 기인한다. 그런데 그게 뭐 어쨌단 말인가? 그럼 안 되는 이유가 뭔가? 동물과 식물의

---

* ecotone, 인접하는 두 개의 서로 다른 서식처 간, 생태계 간, 식물 군락 간, 나아가 생물 군계 간의 경계 영역.

구분은 어차피 자의적이다. 구분의 기준은 식량을 구하는 방식이다. 한쪽은 광합성을 하고 다른 쪽은 생명체를 먹는다. 그러니까 결국 차이라고 해 봤자 정보를 처리하고 그것을 행동으로 옮기는 시간이 다르다는 것이다. 하지만 느린 생명체는 빠른 생명체보다 당연히 열등한가? 나무와 식물이 많은 점에서 동물과 얼마나 비슷한지를 확실히 알게 된다면 과연 사람들은 그것들을 지금보다 더 많이 배려할까? 정말로 그럴지 나는 의문스럽다.

어둠의 왕국에서

땅은 물보다 더 속을 알 수 없다. 안을 들여다볼 수 없기 때문이다. 대양의 바닥 연구가 달 표면 자료보다도 귀한 실정[24]이니 땅속 생명에 대한 연구는 더 말할 필요가 없을 것이다. 물론 이미 발견된 생물종과 현재 읽을 수 있는 자료만 해도 넘쳐 난다. 하지만 우리 발밑에서 바삐 살아가는 생명체의 다양성과 비교할 때 그 정도는 정말로 새 발의 피다. 숲의 생물질 중 최대 50퍼센트가 땅 밑에 숨어 있다니 말이다. 그곳에서 사는 대부분의 생명체는 맨눈으로는 보이지 않는다. 우리가 그것들보다 늑대나 까막딱따구리, 노랑무늬도롱뇽 같은 것들에게 더 큰 관심을 보이는 이유도 아마 그 때문일 것이다. 하지만 나무에게 물어보면 다른 대답을 할 것이다. 나무에게는 그 작은 생명체들이 훨씬 더 소중할 테니 말이다. 사실 숲은 그런 덩치 큰 주민들이 없어도 잘 살아갈 수 있다. 노루, 사슴, 멧돼지, 맹수, 심지어 새들까지 다 없어져도 숲의 생태계에는 빈틈이 생기지 않는다. 그 모든 것들이 동시에 싹 없어져도 숲은 별문제 없이 건강하게 잘 살아갈 것이다. 그러나 발치의 작은 생물들은 이야기가 다르다. 숲에 있는 흙 한 줌에는 지구에 사는 사람의 숫자보다 많은 생명체가 들어 있다. 찻숟가락 하나에도 1킬로미터가 넘는 균사체가 들어 있다. 이 모든 생명들이 땅에 영향을 주어 땅을 나무에게 소중한 곳으로 만든다.

이것들 가운데 몇 종을 조금 더 자세히 살펴보기 전에 일단은 땅이 어떻게 생겨났는지 그 시작의 순간으로 잠시 돌아가 보자. 땅의 왕국이 없다면 숲도 없다. 나무가 뿌리를 내릴 수 있는 곳이 없을 테니 말이다. 매끈한 돌은 뿌리가 잡고 설 수 없다. 큰 돌보다는 여유 공간이 많은 자갈돌도 뿌리가 들어설 자리는 마련해 주겠지만 충분한 물과 양분을 저장할 수 없다. 다행히 빙하기를 비롯한 지구 역사의 여러 과정을 거치면서 암석이 깨지고 바위가 부서져 모래와 먼지가 되었다. 얼음이 녹으면서 생긴 물이 그것들을 저지로 데려갔고, 폭풍이 불어와 그것들을 휩쓸어 한곳에 층층이 쌓았다. 시간이 흐르면서 그곳에 박테리아, 균류, 식물이 등장했고, 그것들이 죽어 썩으면서 부식토가 되었다. 이렇게 수천 년이 흐르는 동안 이—이제야 토양이라는 말을 쓸 수 있게 된— 토양에 마침내 나무가 뿌리를 내렸다. 나무는 뿌리로 토양을 꽉 붙들어 비가 오거나 폭풍이 불어도 쓸려 가지 않게 보호했다. 그러니까 전문 용어로 나무 덕분에 침식 작용이 거의 일어나지 않았다는 소리다. 대신 부식토층이 점점 두꺼워져서 갈탄의 전 단계를 형성하였다. 잠시 설명을 덧붙이자면 침식 작용은 숲의 최대 천적 중 하나다. 토양이 쓸려 가는 이유는 대형 사건 탓인데, 대부분은 극심한 강수가 원인이다. 숲의 흙이 이 물을 다 흡수하지 못해서 남은 물이 지상에서 흘러가면서 작은 입자들을 데리고 가는 것이다. 지금도 비가 오는 날이면 그런 현상을 관찰할 수 있다. 뿌옇게 흐려진 물은 소중한 토양을 데리고 가는 빗물이다. 그 양이 연간 1제곱킬로미터당 최대 1만 톤에 이른다. 풍화 작용으로 해마다 같은 면적에서 만들어지는 흙의 양이 100톤에 불과한 것을 생각한다면 실로 엄청난 손실이 아닐 수 없다. 그렇게 조금씩 토양이 유실되다가 어느 날 문득 살펴보면 남은 것은 자갈뿐이다. 수백 년 전까지도 경작지로 이용되어 이미 영양분이 다 빠져나간 땅에 조성된 숲에서는 지금도 그런 유실 지역이 곳곳에서 목격된다. 반대로 오랜 세월 숲이 그대로 보존된 곳에서는 유실되는 토양의 양이 제곱킬로미터당 연간 0.4톤에서 5톤에 불과하다. 덕분에 토양이 점점 더 두꺼워지고 나무의 성장 조건 역시 날로 개선된다.[25]

자, 이제 그 토양에 사는 동물의 이야기로 돌아가 보자. 솔직히 그리 매력적인 모습들은 아니다. 크기가 작기 때문에 대부분의 종은 맨눈으로 볼 수도 없고, 설사 현미경을 들이댄다 해도 사정은 크게 나아지지 않는다. 은기문진드기Oribatida, 톡토기, 다모류는 오랑우탄이나 혹고래만큼 든든하고 우람하지는 않지만 자연 숲에서는 이 녀석들이 먹이사슬의 시작이다. 따라서 땅 플랑크톤이라고 불러도 좋을 듯하다. 하지만 안타깝게도 우리의 학계는 이미 발견되어 발음하기 어려운 라틴어 이름이 붙은 수천 종에게조차 큰 관심을 보이지 않는다. 그러니 아직 발견되지 못한 엄청난 숫자의 종들이 언제쯤 인간의 관심을 받을 수 있을지는 실로 까마득하다. 하긴 어쩌면 오히려 그 사실을 더 위로로 삼을 수도 있겠다. 우리 집 코앞에 있는 숲에도 아직 수많은 비밀이 숨어 있다는 소리일 테니 말이다. 어쨌거나 지금까지 발견된 종들 중에서 몇 종을 조금 더 자세히 알아보기로 하자.

앞에서 언급한 은기문진드기는 유럽에 서식하는 것으로 알려진 종만 해도 1000종이 넘는다. 크기가 1밀리미터도 안 되며 다리가 아주 짧은 거미처럼 생겼다. 몸통은 생활 공간인 흙과 비슷한 보호색의 베이지브라운이다. 진드기라고? 이름을 듣자마자 집먼지진드기가 연상된다. 우리의 피부 각질을 먹고 살면서 알레르기를 일으키는 그 진드기 말이다. 비슷한 점도 없지 않다. 나무의 피부에서 떨어지는 각질을 먹고 사니까 말이다. 그래서 이 은기문진드기가 없다면 아마 떨어진 나뭇잎과 나무껍질이 하늘 높은 줄 모르고 쌓일 것이다. 다행히 은기문진드기는 떨어진 나뭇잎 속에서 살면서 걸신들린 듯 그것들을 먹어 치운다. 균류만 전문적으로 담당하는 종들도 있다. 이것들은 작은 균류 속에 들어가 균사가 분비하는 즙을 벌컥벌컥 마신다. 그러니까 따지고 보면 나무가 균류 파트너에게 준 나무의 당분을 먹고 사는 것이다. 죽은 나무든, 죽은 달팽이든, 은기문진드기가 적응하지 못하는 곳은 없다. 생성과 소멸이 만나는 곳이면 어디든 등장하는, 생태계에 없어서는 안 될 존재인 것이다.

바구미는 또 어떤가. 부채처럼 큰 귀만 없을 뿐, 생김새가 영락없이 작은 코끼리이며 전 세계 곤충 중에서 가장 종이 많다. 독일에만 약 1400종이 살고 있다. 긴 코는 식량 수급보다는 후손 양육에 더 도움이 된다. 긴 코를 이용해 잎과 줄기에 작은 구멍을 내서 그 속에 알을 낳기 때문이다. 덕분에 알에서 깨어난 애벌레는 구멍 속에서 안전하게 잎을 갉아 먹으며 쑥쑥 자랄 수 있다.[26]

바구미 중 몇 종, 특히 땅에 사는 것들은 대부분 날지 못한다. 숲의 느린 리듬과 영원할 것만 같은 숲의 존재에 이미 적응을 했기 때문이다. 이동 거리도 기껏해야 1년에 10미터 정도이며, 사실 그 이상은 필요하지도 않다. 살던 나무가 죽거나 해서 환경이 바뀌더라도 그냥 바로 옆의 나무한테로 가서 거기서 계속 떨어진 잎을 우물거리면 된다. 어느 날 숲을 걷다가 그런 바구미를 발견하거든 아, 지금 내가 걷고 있는 이 숲은 정말로 오랜 역사를 자랑하는구나! 마음껏 감탄해도 된다. 유럽에선 중세 시대에 엄청나게 많은 숲을 개간한 다음 나중에 다시 나무를 심었다. 그런 숲에는 바구미가 살지 않는다. 걸어서 옆에 있는 숲으로 가기에는 길이 너무 멀었을 테니 말이다.

앞에서 언급한 모든 곤충들에게는 한 가지 공통점이 있다. 정말로 아주 작기 때문에 행동반경이 극히 제한적이라는 점이다. 그 옛날 중부 유럽을 뒤덮었던 거대한 원시림에선 이런 제약이 아무 문제가 되지 않았을 것이다. 하지만 요즘엔 인간의 손길이 미치지 않은 숲이 거의 없다. 너도밤나무가 있던 자리에 가문비나무를, 참나무를 베어 낸 자리에 더글러스 소나무를, 고목을 벤 자리에 어린 나무를 심는다. 맛난 먹이가 사라진 숲에서 작은 곤충들은 배를 곯고, 아예 멸종하는 지역까지 나온다. 물론 오래된 활엽수 숲들이 완전히 사라진 것은 아니기에 그 옛날처럼 종의 다양성이 유지되는 피난처들이 곳곳에 남아 있다. 또 국토 전역에서 침엽수 숲을 다시 활엽수 숲으로 되돌리려는 노력이 계속되고 있다. 하지만 가문비나무가 폭풍에 쓰러져 텅 빈 자리에 어느 날 다시 거대한 너도밤나무가 자리를 잡는다 한들 은기문진드기와 톡토기가 어떻게 그곳으로 돌아오겠는가? 걸어서는 절대로 돌아올 수 없다. 평생 동안 땀을 뻘뻘 흘리며 쉬지 않고 걸어 봤자 1미터도 채 못 가고 죽을 것이다.

그럼에도 적어도 바이에른 숲Bayerischer Wald 같은 국립공원에선 언젠가 다시 진짜 원시림을 만나게 될 날이 올 것이라고, 몰래 희망을 품어 봐도 될까? 아마 그럴지도 모르겠다. 내 관리 구역에서 연구 조사를 했던 대학생들이 적어도 침엽수 숲에 사는 작은 생물들은 상상 이상으로 먼 거리를 이동할 수 있다는 결과를 발표했기 때문이다. 오래된 침엽수 숲에서 특히 그런 경향이 두드러진다. 우리 대학생들이 그곳에서 침엽수 숲에만 사는 톡토기들을 발견했다. 그런데 그곳은 여기 휨멜에서 일했던 나의 전임자들이 불과 100여 년 전에 조성한 숲이다. 그전에 이곳은 중부 유럽이 어디서나 그렇듯 주로 늙은 너도밤나무들이 주종을 이루었다. 그렇다면 침엽수를 먹고 사는 톡토기는 어떻게 휨멜로 왔을까? 내 추측으로는 땅에 사는 곤충들을 깃털에 태워 데려온 새들 덕분인 것 같다. 새들은 깃털 청소를 위해 나뭇잎 속에 들어가 먼지 목욕을 한다. 이때 곤충들을 깃털에 승차시켰다가 다른 숲으로 날아가서 먼지 목욕을 할 때 다시 하차시켜 준 것이다. 가문비나무 전문 곤충들이 그럴 수 있다면 활엽수 전문 곤충들이라고 왜 못하겠는가? 앞으로 다시 우리가 사는 이 땅에서도 늙은 활엽수들이 숲을 이루어 마음 편히 살 수 있게 된다면 그때도 새들이 활약하여 그 숲에서 살 곤충들을 데려다줄 것이다. 하지만 이 꼬마들의 귀환은 아주, 아주 오래 걸릴지도 모른다. 킬Kiel과 뤼네부르크Lüneburg에서 나온 최근의 연구 결과를 보면 그렇다.[27] 지금으로부터 100년도 더 전에 뤼네부르거 하이데Lüneburger Heide에서 경작지에다 참나무 숲을 조성하였다. 그때 사람들은 몇십 년만 지나면 균류와 박테리아 같은 생물들이 다시 땅으로 돌아올 것이라고 가정했다. 그러나 예상은 완전히 빗나갔다. 예상만큼의 시간이 흘렀어도 생물종의 목록에는 구멍이 뻥뻥 뚫렸고, 그런 상황은 숲에 치명적인 영향을 미쳤다. 생성과 소멸의 양분 순환이 제대로 이루어지지 않았던 것이다. 더구나 예전에 사람들이 마구 뿌린 비료가 아직 다 사라지지 않아 토지의 질소 함량이 과도하게 높았다. 참나무 숲은 오래된 원시림의 참나무 숲에 비해 훨씬 빨리 자랐지만 눈에 띄게 허약했다. 조금만 가뭄이 들어도 버티지를 못했다. 얼마나 있어야 그런 땅이 진짜 숲의 모습으로 돌아갈는지는 아무도 모른다. 그저 아주 많은 시간이 걸린다는 것만 알 뿐이다. 100년으로는 턱없이 부족하다. 어쨌든 언제가 되건 다시 진짜 숲을 복원할 수 있으려면 인간의 손길이 전혀 미치지 못하도록 자연 보호 구역을 지정할 필요가 있다. 그래야 그곳에서 다양한 땅의 생물들이 꿋꿋하게 버티면서 주변 토지를 회복시킬 맹아가 되어 줄 것이다. 지레 겁먹고 포기해서는 안 된다. 우리 휨멜 조합이 대표적인 모범 사례다. 휨멜 조합은 고령의 자작나무 숲 전체를 보호 구역으로 지정하고 새로운 수익 모델을 모색하였다. 숲의 일부를 수목장지로 활용하였고 나무를 비석 대용으로 임대하였다. 수목장이라… 어느 날 내가 죽어서 숲의 일부가 된다! 상상만 해도 멋지지 않은가? 보호 구역의 다른 일부는 환경 보호에 기여하는 기업에 임대한다. 목재 생산을 중단함으로써 생긴 손길을 그런 식으로 메우는 것이다. 그야말로 인간과 자연이 모두 만족할 수 있는 상생의 모델이다.

이산화탄소 흡입기

아직도 많은 사람들은 나무가 균형 있는 순환 과정의 상징이라고 생각한다. 나무는 광합성을 하여 탄화수소를 생산하고 이것을 성장에 활용함으로써 평생 최대 20톤에 이르는 이산화탄소를 줄기와 가지, 뿌리에 저장한다. 그러다 어느 날 그 나무가 죽으면 정확히 같은 양의 온실가스가 다시 배출된다. 균류와 박테리아가 나무를 먹고 소화시켜 호흡으로 배출하기 때문이다. 나무를 때면 온실가스가 늘어나지 않는다는 주장 역시 이런 생각에 근거를 두고 있다. 그러니까 미생물이 나무토막을 분해해 가스로 만들건 우리 집 난로가 나무를 집어삼켜

활활 태우건, 나무는 흡수한 만큼의 이산화탄소만 배출한다는 것이다.

하지만 숲의 기능은 생각처럼 그렇게 간단하지 않다. 숲은 실제로 쉬지 않고 이산화탄소를 계속 여과해 저장하는 거대한 이산화탄소 흡입기다. 그래서 숲이 죽고 나면 그중 일부가 다시 대기 중으로 돌아가지만, 상당량은 그대로 생태계에 남는다. 잘게 부서진 나무줄기는 다양한 생물종에 의해 점점 더 작은 조각으로 해체되고 더불어 조금씩 조금씩 땅속으로 들어간다. 나머지는 비의 몫이다. 남은 찌꺼기는 비가 쓸어 간다. 땅속으로 점점 내려갈수록 온도가 떨어진다. 온도가 떨어지면 생명의 속도도 느려지다가 결국 거의 정지 상태에 이른다. 이산화탄소는 부식토의 형태로 마지막 안식을 찾고, 계속해서 축적된다. 그리고 까마득한 미래의 어느 날 인류는 그곳에서 갈탄이나 석탄을 캐게 될 것이다. 그러니까 지금 발견되는 이 화석 연료의 저장고 역시 지금으로부터 약 3억 년 전에는 나무였다. 물론 생김새는 지금의 나무들과 약간 달라서 30미터 키의 양치류나 속새류와 더 닮았지만 줄기의 직경은 2미터로 지금의 나무와 비슷했다. 당시엔 대부분의 나무가 늪에서 자랐기 때문에 수명을 다하면 줄기가 이끼 덮인 물속으로 철퍽 떨어져 거의 썩지 않았다. 따라서 몇천 년이 흐르는 동안 그곳에 두꺼운 이탄층이 형성되었고, 훗날 그 위를 자갈이 뒤덮어 압력을 행사해서 점차 석탄으로 변화하였다. 그러니까 현재 대형 발전소에서 연료로 때는 것은 화석이 된 숲인 것이다. 우리도 우리의 나무들에게 조상의 뒤를 이을 수 있는 기회를 제공해야 하지 않을까? 그것이 아름답고도 의미 있는 일이 아닐까? 그래야 죽은 나무들이 이산화탄소의 일부나마 다시 붙들어 지하의 왕국에 저장할 수 있을 테니 말이다.

하지만 요즘 나무들은 석탄이 될 수 없다. 경작(벌채)으로 인해 숲이 늘 환하기 때문이다. 나무가 잘려 나간 틈으로 따스한 햇살이 바닥까지 비쳐 들면 땅에 사는 종들이 신나게 활동을 시작한다. 그것들이 더 아래층에 묻혀 있던 마지막 부식토까지 다 먹어 치운 다음 가스의 형태로 대기 중으로 배출한다. 그렇게 새어 나오는 온실가스의 총량이 활용 가능한 목재의 온실가스 총량에 버금간다. 그러니까 당신이 지금 집 난로에서 장작 한 개비를 태우고 있다면 집 바깥 숲에서도 그와 똑같은 양의 이산화탄소가 배출되고 있는 것이다. 우리가 사는 이 땅에선 나무 밑 탄소 저장고가 생기는 순간 곧바로 텅텅 비어 버리는 것이다.

그럼에도 아직은 어느 지역의 숲이건 탄소 형성의 초기 과정 정도는 직접 눈으로 확인할 수 있다. 숲에 들어가 땅을 살짝 파 보면 색깔이 조금 더 밝은 층이 나올 것이다. 이 경계선 위쪽 더 어두운 부분이 탄소가 많이 축적된 층이다. 그 숲을 지금부터 그 상태로 가만히 놔두면 그곳에서 석탄, 가스, 석유의 전 단계가 형성될 것이다. 적어도 국립공원처럼 대단위 보호 구역에선 지금도 그 과정이 무난히 진행되는 중이다. 어쨌든 부식토층이 이처럼 줄어든 이유가 현대 산림 경영의 책임만은 아니다. 그 옛날 로마인들과 켈트족들도 부지런히 숲을 개간하여 자연의 흐름을 방해했었다.

그러나 좋아하는 음식을 계속 제거해 버리는 것이 나무에게 무슨 의미가 있을까? 나무만이 아니다. 대양의 조류를 포함하여 모든 식물은 이산화탄소를 걸러 흡수하고 그 이산화탄소는 식물이 죽어 가라앉을 때 탄소 화합물의 형태로 이토층에 저장된다. 최대 규모의 이산화탄소 저장고 중 하나인 산호의 석회층처럼 동물의 잔재까지 합하면 대기는 수억만 년이 흐르는 동안 엄청나게 많은 탄소를 빼앗겼다. 석탄 매장량이 최대였던 데본기에 이산화탄소의 농도는 지금의 아홉 배였다.[28] 우리의 숲이 저장할 수 있는 한계치는 어디까지일까? 어느 날 대기 중에 이산화탄소가 하나도 남지 않을 때까지 계속해서 이산화탄소를 저장할 수 있는 것일까? 우리의 소비욕을 고려할 때 그런 질문은 더 이상 필요치 않은 듯하다. 우리는 이미 삶의 방향을 바꾸어 이산화탄소 저장고 전체를 신나게 비우고 있는 중이니까 말이다. 석유, 가스, 석탄은 난방재와 연료로 사용되어 대기 중으로 날아간다. 우리가 이렇게 온실가스를 지하 감옥에서 구출하여 탈옥시켜 주는 것이 잘하는 짓일까? 기후 변화만 제외한다면 나쁠 것도 없지 않을까? 거기까지는 대답할 수 없지만, 어쨌든 그사이 치솟은 온실가스 농도가 비료 효과를 불러왔다는 사실은 이미 입증이 되고 있다. 최근의 자료들을 보면 알 수 있듯 나무의 성장 속도가 훨씬 빠르다. 목재 생산 예측에 필요한 도표들도 수정되어야 한다. 불과 몇십 년 사이 생물량이 3분의 1가량 증가했다. 하지만 그 결과가 어땠는가? 나무가 오래오래 살려면 느림은 필수 덕목이다. 지금의 상태는 건강하지 못한 성장이며, 이는 농업의 막대한 질소 사용으로 더욱 가속화하고 있다. 자고로 이런 말이 있다. 적을수록 많은 법. 이산화탄소가 적을수록 수명은 는다.

대학에서 나는 어린 나무가 늙은 나무보다 더 활력 있으며 더 빨리 자란다고 배웠다. 이런 가르침은 지금까지도 변치 않아, 숲을 젊게 만들어야 한다는 주장이 여기저기서 튀어나온다. 젊게 만든다? 그 말은 고목의 줄기를 베고 그 자리에 어린 나무를 심자는 의미와 다르지 않다. 산주 협회와 임업 관계자들은 그래야 숲이 건강하여 목재를 많이 생산할 수 있고 대기

중의 이산화탄소를 흡수하여 온실가스를 줄일 수 있다고 주장한다. 수령에 따라 차이는 있겠지만 근본적으로 나무는 60살에서 120살이 되면 성장이 둔화하므로, 그쯤에서 수확 기계를 들이대야 한다고 말이다. 우리 사회에 만연한 영원한 젊음의 이상을 숲에도 적용하겠다는 것인가? 120살 먹은 나무는 인간의 기준으로 보면 이제 막 학교에 입학할 나이가 된 어린이다. 한 국제 학술팀의 연구 결과처럼 지금까지의 학계 주장은 완전히 뒤바뀌어야 한다. 학자들이 전 세계에서 약 70만 그루의 나무를 대상으로 조사한 결과는 실로 놀랍기 그지없다. 수령이 오래된 나무일수록 성장 속도가 더 빨랐으니 말이다. 줄기의 직경이 1미터인 나무는 그 절반인 나무에 비해 세 배의 생물량을 생산하였다.[29] 그러므로 나무는 나이가 들수록 허약해지고 허리가 굽고 병약해지는 것이 아니라 오히려 더 활기가 넘치고 능률도 높아진다. 노인 나무는 청년 나무보다 생산력이 더 높고, 기후 변화에 대적할 인간의 중요한 연합군이다. 활력을 위해 숲을 젊게 만들자는 구호는 틀렸다. 적어도 앞의 연구 결과가 나온 이후로는 오류라고 부를 수 있게 되었다. 일정한 나이가 넘으면 나무의 가치가 떨어진다는 말은 기껏해야 목재 생산의 차원에서나 할 수 있는 소리다. 균류는 줄기를 썩게 만들 수는 있지만 나무의 성장을 방해하지는 못한다. 그러니까 숲을 기후 변화에 맞서는 수단으로 활용하고자 한다면 자연 보호 단체들의 주장대로 숲이 늙을 수 있도록 가만히 내버려 두어야 하는 것이다.

나무 에어컨

나무는 온도와 습도의 급격한 변화를 좋아하지 않는다. 어른이 되어 덩치가 커졌다고 해도 마찬가지다. 그렇다면 거꾸로 나무가 주변 환경을 변화시킬 수는 없을까? 밤베르크Bamberg 근처의 작은 숲에서 나는 그런 경험을 한 적이 있다. 숲의 토양은 양분이 적고 메마른 모래땅이었다. 그런 곳에는 소나무밖에 못 자란다고 전문가들이 입을 모았다. 그런데도 당시 그곳 사람들은 따분한 한 수종의 숲이 싫었던지 너도밤나무를 같이 심었다. 너도밤나무를 잘 키워 목재로 쓸 생각은 아니었고 그저 이 활엽수가 넓은 잎으로 침엽수 숲의 황량함을 조금이나마 채워 주었으면 하고 기대했다. 그러니까 보조 역할, 도우미 정도로 생각했던 것이다. 그런데 너도밤나무가 엑스트라로 만족할 마음이 없었던지 몇십 년이 지나자 슬슬 잠재력을 발휘하기 시작했다. 해마다 풍성한 낙엽을 떨구어 부드러운 부식토를 생산했고, 그 부식토는 상당량의 물을 저장하였다. 또 활엽수의 넓은 잎들이 소나무 줄기 사이로 불어오는 바람을 막아 대기를 안정시켰기 때문에 대기 중 습도도 높아졌다. 덕분에 수분 증발량도 줄어들었다. 그 결과는 다시 너도밤나무에게도 유익한 영향을 미쳐 마침내 너도밤나무의 키가 소나무를 넘어 저 높은 하늘로 뻗어 나가게 되었다. 숲의 토양과 미기후microclimate가 매사 느긋한 침엽수보다는 활엽수에게 더 맞는 조건으로 변화한 것이다. 나무가 환경을 바꿀 수 있음을 보여 준 아름다운 사례다. 그래서 산림경영지도원들은 숲이 알아서 스스로를 유익한 장소로 바꿀 줄 안다고 말한다.

아무리 그래도 바람이 잦아들었다는 것은 이해가 되지만 물의 저장량이 늘어난 것은 쉽게 이해가 안 된다고? 그늘이 많아져서 뜨거운 공기가 숲의 바닥까지 밀고 들어와 흙의 수분을 앗아 가지 못하는 것이다. 침엽수림과 너도밤나무 고목이 많은 숲의 온도 차이는 얼마나 될까? 아헨 공과대학 학생들이 내가 관리하는 구역에서 조사를 한 적이 있었다. 기온이 37도까지 치솟은 뜨거운 8월의 어느 날 활엽수 숲의 바닥은 불과 몇 킬로미터 떨어진 침엽수 숲에 비해 최대 10도까지 기온이 낮았다. 수분의 증발량까지 줄여 주는 이런 냉각 효과는 그늘이 지기 때문이기도 하지만 주로 생물량의 차이 때문에 발생한다. 살았건 죽었건 숲에 나무가 많을수록, 땅에 쌓인 부식토층이 두꺼울수록 총 중량에서 물이 차지하는 비율이 높아진다. 증발은 추위를 몰고 오고 이는 다시 많은 양의 물이 증발되지 않도록 한다. 결론적으로 건강한 숲은 여름이 되면 땀을 흘려 사람의 땀과 같은 효과를 노린다고 말할 수 있을 것이다.

나무의 땀은 간접적이나마 우리도 직접 관찰할 수 있다. 그것도 각자의 집에서 말이다. 크리스마스가 지나도 적지 않은 집에서 장식 달린 크리스마스트리를 볼 수 있다. 버리기 아까워 주인이 땅에 심은 나무들이다. 그런 나무들이 의외로 건강하게 잘 자란다. 너무나 씩씩하게 자라서 주인의 예상보다 훨씬 더 커질 때도 많다. 그런데 대부분의 경우 주인들이 나무를 담 바로 옆에 심다 보니 가지가 지붕 위로 자라 지붕을 덮어 버린다. 이럴 때 땀 얼룩이 생긴다. 우리도 겨드랑이에 땀이 차면 기분이 좋지 않듯이 나무의 땀도 건물에 보기 싫은 자국을 남긴다. 또 땀 때문에 습기가 차서 건물 앞면이나 지붕 기와에 조류와 이끼가 서식하고 이것들 때문에 빗물이 시원하게 흘러내리지 못하거나 빗물에 휩쓸려 내려간 이끼가 빗물 통을 막는다. 더구나 습기로 인해 페인트칠이 벗겨지니 자주 덧칠을 해야 한다. 하지만 나무 아래 세워 둔 주인의 자동차는 반대로 좋은 점이 더 많다. 노상에 세워 둔 자동차는 기온이 영하로 내려가면 유리창에 얼음이 얼지만 나무 밑에 세워 둔 자동차는 전혀 얼지 않는다. 이처럼 건물 외관을 더럽힌다는 것만 빼면 나무가 우리 주변의 미기후를 바꿀 수 있다는 사실은 대단히 매력적이다. 그 자그만 나무 한 그루가 그런 변화를 가져올 수 있다면 완벽한 숲의 영향력은 얼마나 대단하겠는가?

땀을 제대로 흘리려면 물을 많이 마셔야 한다. 그렇게 주거니 받거니 퍼마시는 나무의 물 잔치는 우리 눈으로도 목격할 수 있다. 물론 비가 엄청나게 쏟아지는 날이어야 한다. 한데 대부분 그런 날씨는 천둥 번개를 동반하기 때문에 그런 날 굳이 산책을 하라고 권하고 싶지는 않다. 다만 나처럼 (직업상) 그런 날씨에 밖에 있을 수 있다면 멋진 연극 한 편을 관람할 수 있을 것이다. 진짜 술고래는 너도밤나무다. 너도밤나무의 가지는 많은 활엽수들이 그러하듯 비스듬히 위를 향해 뻗어 있다. 하지만 비스듬히 아래로 뻗어 있다고 말할 수도 있다. 나무의 수관은 햇살 환한 날 잎을 펼치도록 도와주는 역할을 하지만 물을 붙잡는 역할도 하기 때문이다. 그 수많은 잎에 떨어진 빗물은 잔가지를 타고 흐르다가 다시 큰 가지를 타고 아래로 흘러내리면서 큰 강을 이루어 줄기를 타고 아래로 내려간다. 아래에 이르면 물의 속도가 빨라지기 때문에 빗물과 땅이 만나는 지점에서는 거품이 부글부글 인다. 비가 시원하게 내리는 날 다 자란 나무 한 그루는 1000리터 이상의 물을 빨아들일 수 있고, 그 물은 구조상 곧바로 뿌리를 향해 나아간다. 그리고 뿌리 주변 땅에 저장되었다가 물이 부족한 건기를 무사히 나도록 나무의 우물이 되어 준다.

가문비나무와 전나무는 그런 꾀를 부릴 줄 모른다. 전나무는 그나마 너도밤나무 밑에 섞여 간신히 갈증은 면하지만 가문비나무는 자기들끼리 오글오글 모여 있어 물을 얻어먹을 데도 없다. 가문비나무의 수관은 우산처럼 생겼다. 그래서 산책하는 사람들이 갑자기 비를 만나면 비를 피하는 데 아주 요긴할 수 있다. 줄기에 바짝 붙어 서 있으면 거의 비를 안 맞는다. 문제는 나무뿌리도 그 사람과 똑같이 비를 맞을 수 없다는 데 있다. 뾰족 나뭇잎과 가지에 매달려 있다가 구름이 걷히자마자 다시 증발되어 버리는 빗물의 양이 제곱미터당 최대 10리터(이 정도면 상당한 양이다)에 달한다. 그만큼의 소중한 물을 숲이 잃게 되는 것이다. 왜 그런 짓을 할까? 가문비나무는 물 부족에 대처하는 방법을 배운 적이 없다. 가문비나무가 행복하게 살 수 있는 지대는 추운 지역으로, 낮은 온도 때문에 땅의 물이 거의 증발되지 않는다. 삼림 한계선 직전의 알프스가 대표적인 곳인데 그곳은 강수량도 많아 물이 부족할 일이 거의 없다. 게다가 폭설이 문제가 될 수 있기 때문에 눈의 무게를 피하기 위해 나무들의 가지가 수평이거나 살짝 아래로 휘어져 있다. 따라서 물이 줄기를 타고 흘러내리지 못한다. 그런 가문비나무가 고도가 낮아 건조한 곳에 자리를 잡게 되면 눈의 피해를 막을 수 있던 나무의 장점은 그야말로 무용지물이 된다. 현재 중부 유럽의 침엽수림은 대부분 인공으로 조성된 숲이다. 그것도 사람들이 고민 없이 마음 내키는 대로 갖다 심었다. 이런 곳에서 가문비나무들은 1년 내내 목이 마르다. 우산 역할을 하는 잎과 가지가 내리는 비의 3분의 1을 붙잡았다가 대기 중으로 도로 날려 보내 버리기 때문이다. 활엽수의 경우 15퍼센트만 증발되기 때문에 침엽수보다 15퍼센트 더 많은 물을 간직했다가 요긴하게 쓸 수 있다.

숲은 물 펌프

물은 어떻게 숲으로 올까? 숲까지는 아니더라도 육지에는 어떻게 올까? 질문은 간단하지만 대답은 쉽지 않다. 육지의 가장 큰 특징 중 하나가 바로 바다보다 높은 위치이기 때문이다. 물은 중력 때문에 항상 높은 곳에서 낮은 곳으로 흐른다. 따라서 높은 곳에 있는 대륙은 항상 물이 모자랄 수밖에 없다. 그것을 방지하는 유일한 방법은 쉬지 않고 빠져나간 만큼의 물을 보충하는 것이다. 누가 보충해 줄까? 바다 위에서 형성되어 바람을 타고 육지 쪽으로 흘러온 구름이다. 하지만 이런 메커니즘은 해안에서 몇백 킬로미터 떨어진 육지까지만 통한다. 내륙으로 들어갈수록 구름이 오지 못하기 때문에 점점 더 건조하다. 해안에서 600킬로미터만 떨어져도 벌써 사막이 나타날 정도다. 그러니까 생명은 대륙의 가장자리를 따라 빙 두른 좁은 띠에서만 존재 가능하다. 대륙의 속은 메마르고 건조할 테니까. 이론대로 하면 그렇다. 다행히 지구엔 숲이 있다. 숲은 수많은 나뭇잎 덕분에 가장 넓은 표면을 자랑하는 생장 형태다. 숲 1제곱미터에는 수관에 매달린 잎 27제곱미터가 활짝 펼쳐져 있다. 강수량의 대부분이 거기 꼭대기에 매달려 있다가 다시 증발된다.[30] 여름이면 나무는 그것 말고도 제곱미터당 최고 2500세제곱미터의 물을 호흡을 통해 대기 중으로 내보낸다. 이런 수증기 덕분에 구름이 만들어지고, 이 구름이 내륙 쪽으로 흘러가 그곳에 비를 내린다. 그럼 다시 그곳에 숲이 만들어지고 그 숲은 다시 구름을 만들어 내륙 쪽으로 보내면서 계속 이어지는 숲의 활약상이 저 먼 오지에까지 물을 공급해 준다. 이런 물 펌프 덕분에 아마존 분지처럼 내륙으로 수천 킬로미터 들어간 지역의 강수량도 대부분 해안의 강수량과 별 차이가 나지 않는다. 단, 한 가지 조건이 있다. 바다에서부터 먼 오지까지 숲이 이어져 있어야 한다. 특히 퍼즐의 첫 조각이라 할 해안가의 숲이 사라질 경우 시스템은 금방 무너진다. 정말 엄청나게 중요한 이런 연관 관계를 발견한 주인공은 러시아 상트페테르부르크Sankt Peterburg의 아나스타샤 마카리에바Anastassia Makarieva와 동료 학자들이다.[31] 그들은 전 세계 여러 나라의 숲에서 연구를 하였지만 지역에 관계없이 나온 결과는 동일하였다. 우림이건 시베리아의 타이가건 생명에 꼭 필요한 수분을 내륙 깊은 곳까지 실어 날라 주는 것은 나무였다. 학자들은 또 해안가의 숲을 베어 버릴 경우 이 과정 전체가 마비된다는 사실도 밝혀냈다. 마치 전기 펌프의 흡입 매니폴드manifold를 물에서 꺼내 버린 것과 같은 이치다. 브라질에선 이미 그 결과가 나타나고 있다. 아마존 우림이 날로 건조해지고 있는 것이다. 중부 유럽의 경우 600킬로미터의 띠 안에, 다시 말해 펌프의 흡입 지역에 포함이 된다. 그리고 물론 이미 심하게 면적이 쪼그라들었지만 그래도 아직은 다행히 숲이 남아 있다.

북반구의 침엽수림들은 또 다른 방식으로 기후와 수분 함량에 영향을 미친다. 이들 침엽수림은 테르펜을 배출한다. 원래는 병균과 기생충을 막아 주는 물질이다. 이것의 분자들이 대기 중에 퍼지면 그 주변으로 수분이 응결된다. 따라서 그곳의 구름은 숲이 없는 지역의 상공에 비해 밀도가 두 배 더 높다. 비가 내릴 가능성이 높아지고 햇빛의 약 5퍼센트가 추가로 반사되는 것이다. 지역 기후도 서늘해진다. 저온다습, 바로 침엽수들이 좋아하는 기후다. 아마도 이 생태계는 이런 식의 상호

작용을 바탕으로 지구 온난화를 강력하게 저지하는 역할을 할 것이다.[32]

지금의 우리 생태계가 유지되려면 규칙적인 강수는 필수다. 물과 숲은 떼려야 뗄 수 없는 관계이기 때문이다. 시냇물, 웅덩이는 물론이고 숲 그 자체까지 모든 생태계는 그곳의 주민들에게 최대한 안정적인 생활 조건을 제공하여야 유지될 수 있다. 변화를 싫어하는 대표적인 생물이 참동굴우렁이Bythinella다. 종에 따라 다르지만 길이가 채 2밀리미터도 안 되고 차가운 물을 좋아한다. 물의 온도가 8도를 넘으면 안 되는데 그 이유는 과거로 거슬러 올라간다. 이들의 조상은 빙하기 말기에 유럽의 넓은 지역에 분포해 있던 빙하가 녹은 물에서 살았다. 그와 비슷한 조건이 깨끗한 숲의 샘물이다. 그곳에선 사시사철 똑같이 차가운 물이 솟아난다. 샘물이란 것이 결국은 밖으로 흘러나온 지하수이기 때문이다. 지하수는 외부 온도에 큰 영향을 받지 않는 깊은 토양층에서 솟아 나오기 때문에 여름이나 겨울이나 똑같이 차갑다. 따라서 빙하가 사라진 지금과 같은 환경에서 숲의 샘물은 참동굴우렁이로서는 더할 나위 없는 대체 환경이다. 그러자면 1년 내내 물이 퐁퐁 솟아나야 하는데 숲이 있기 때문에 가능한 일이다. 숲의 땅 밑은 대형 저장 창고와 같아서 강우를 열심히 모은다. 또 숲엔 나무들이 있어서 빗방울이 곧바로 세차게 바닥으로 내리꽂히지 않고 가지를 타고 여유 있게 떨어진다. 숲의 부드러운 흙은 물을 완전히 흡수하므로 빗물이 시내를 이루어 단시간 안에 흘러가 버리지 않고 일단 땅으로 스며든다. 땅이 완전히 물로 가득 차 나무가 먹을 물탱크가 꽉 차더라도 남은 빗물은 서서히 몇 년에 걸쳐 조금씩 더 깊은 층으로 스며든다. 이 물이 다시 지상으로 올라오기까지 몇십 년이 걸릴 때도 있다. 그래서 가뭄이 오래가건 비가 세차게 퍼붓건 관계없이 샘에선 한결같이 물이 퐁퐁 솟아나는 것이다. 물론 항상 솟아난다는 표현은 잘못이다. 가끔은 숲 바닥에 늪처럼 질척거리는 검은 얼룩이 바로 옆의 시냇물까지 이어지는 경우도 있다. (무릎을 꿇고) 자세히 들여다보면 아주 작은 물줄기가 눈에 들어오는데, 바로 그것이 샘이다. 표면의 물기가 폭우의 찌꺼기인지, 아니면 실제로 지하수인지는 온도계로 온도를 재 보면 금방 알 수 있다. 9도 이하? 그럼 진짜 샘물이다. 하지만 온도계를 들고 다니는 사람이 몇이나 되겠는가? 다른 방법은 아주 추운 날 산책을 하는 것이다. 웅덩이와 빗물은 얼지만 샘물은 계속해서 물을 퐁퐁 뿜어낼 테니까. 그러니까 그곳이 바로 1년 내내 쾌적한 온도를 즐기는 참동굴우렁이의 집인 것이다. 동일한 온도가 유지되는 것은 숲의 땅 덕분만이 아니다. 여름에는 뜨거운 햇볕이 이 작은 서식 공간을 금세 달구어

우렁이를 죽일 수도 있다. 하지만 그늘을 선사하는 잎의 지붕이 하늘을 가려 주기 때문에 우렁이의 집은 여름에도 뜨거워지지 않는다.

숲은 시내에도 비슷한 서비스를 제공한다. 어쩌면 이 서비스가 더 중요할지도 모르겠다. 항상 차가운 물이 지원되는 샘과 달리 시냇물은 온도 차이가 심하다. 그런데 올챙이와 비슷하게 시냇물 밖으로 나갈 날을 기다리는 도롱뇽 유충은 참동굴우렁이 못지않게 잘 살아간다. 그러자면 시냇물이 항상 차가워야 한다. 그래야 산소가 물에서 달아나지 않는다. 그렇다고 너무 차가워 물이 꽁꽁 얼어 버리면 도롱뇽 유충의 생명도 끝난다. 그렇다. 이 문제를 해결해 주는 해결사도 나무들이다. 해가 거의 비치지 않는 겨울에는 잎을 떨어뜨린 황량한 나뭇가지들이 많은 열기를 발산한다. 쉬지 않고 달리는 물의 흐름 역시 급속한 냉각을 막아 준다. 햇살 환한 늦은 봄이 되어 온기가 몸으로도 느껴지면 활엽수들은 잎을 피워 블라인드를 내리고 흐르는 물에 그늘을 드리운다. 온도가 다시 떨어지는 가을이 되어야 잎이 다 떨어지면서 시냇물 위로 하늘이 열린다. 하지만 침엽수림의 시냇물은 살기가 훨씬 힘들다. 겨울이 혹독하게 추워 물이 완전히 꽁꽁 언다. 봄이 되어도 아주 서서히 온도가 올라가기 때문에 이런 곳에 둥지를 틀고 싶은 생명체는 거의 없다.

사실 그런 칠흑같이 어두운 시냇물이 자연적으로 생겨나는 경우는 거의 없다. 침엽수들은 발이 젖는 것을 아주 싫어해서 물과 거리를 두기 때문이다. 침엽수림과 시냇물 주민의 이런 갈등은 대부분 사람들이 자기 입맛대로 침엽수를 물가에 갖다 심었기 때문이다.

나무는 죽어서도 시냇물에 큰 도움이 된다. 죽어서 시냇물을 가로지르며 털썩 쓰러진 너도밤나무는 몇십 년 동안 그곳에 누워 있다. 그렇게 나무가 시냇물을 가로막은 곳에선 작은 댐처럼 물이 흐르지 못하고 고이게 되고, 센 물살을 못 견디는 작은 생물종들이 그곳으로 모여든다. 예를 들어 눈에 잘 안 띄는 도롱뇽 유충 같은 생물들이다. 도롱뇽 유충은 작은 도마뱀처럼 생겼지만 아가미 털이 있고 몸에 매우 검은 반점이 찍혀 있으며 사타구니에 노란 점이 있다. 차가운 숲속 물에서 작은 갑각류를 잡아서 맛나게 먹는다. 또 수질을 엄청 따지는데, 그것도 죽은 나무가 알아서 해결해 준다. 나무 때문에 생긴 작은 웅덩이에선 진흙과 부유 물질이 가라앉고, 느린 유속 덕에 박테리아가 유해 물질을 분해할 수 있는 시간도 넉넉하다. 폭우가 내린 후 물에 거품이 일어도 너무 걱정할 필요가 없다. 겉보기엔 환경 범죄 행위 같지만 사실은 부식산이 작은 폭포에서 공기와 부딪치면서 생긴 결과다. 이 부식산은 잎과 죽은 나무가 썩으면서 발생하는데 어디서나 생태계에 없어서는 안 될 소중한 존재다.

그런데 요즘 들어 나무가 죽어 쓰러지지 않아도 작은 웅덩이가 만들어진다. 멸종 위기에 처했던 동물 비버가 돌아왔기 때문이다. 물론 나무들이 그들의 귀환을 반길지는 의심스럽다. 몸무게가 최대 30킬로그램인 이 설치류는 숲속 동물 중에서 제일 부지런한 일꾼이다. 비버는 8~10센티미터 두께의 나무를 하룻밤 만에 쓰러뜨린다. 그보다 덩치가 큰 나무는 몇 차례 나누어 갉아 넘어뜨린다. 비버가 양식으로 먹는 부분은 나뭇가지다. 댐을 쌓아 만든 못의 중심에 섬을 짓고 겨울 추위에 대비하여 섬에다 나무줄기를 잔뜩 모아 두는데 그 폭이 몇 미터에 이르기도 한다. 섬은 집의 입구를 숨기기 위한 것이다. 그것으로도 안심을 못하는지 비버는 집의 출입구를 물 밑에 숨겨 천적이 들어오지 못하게 막는다. 입구는 물 밑이지만 거주하는 곳은 물 위에 있어 눅눅하지 않다. 물의 수위가 1년 내내 똑같을 수는 없기 때문에 비버는 댐을 쌓아서 물을 모아 큰 못을 만든다. 때문에 숲에서 흘러나온 물이 흐르지 못하고 고여 큰 습지가 형성된다. 오리나무와 수양버들은 두 손 들어 환영할 일이지만 너도밤나무는 발이 젖는 걸 아주 질색하는 터라 오래 버티지 못한다. 오리나무나 수양버들 중에서도 비버가 쌓은 보금

자리의 입구에 자리한 것들은 오래 살지 못한다. 비버가 그 맛난 양식을 그냥 두고 볼 리가 없을 테니까.

그러므로 비버는 주변 환경을 훼손한다. 하지만 수분 대사 조절을 통해 전체적으로는 긍정적인 영향을 미친다. 더구나 고인 물에서 사는 생물종에게 풍족한 생활 환경을 조성해 준다.

숲의 물은 어디서 왔을까? 이 장을 마치기 전에 다시 한 번 앞서 던졌던 질문으로 돌아가 보자. 물의 기원은 비다. 비가 내리는 날의 산책길은 그 나름의 멋과 맛이 있지만 날씨에 맞지 않는 옷을 입고 나갔을 땐 비도 반갑지 않은 손님이다. 늙은 활엽수 숲은 특별 서비스를 하나 더 제공한다. 단기 일기예보다. 기상 캐스터는 푸른머리되새다. 머리가 청회색인 이 빨간 새는 보통 때는 예쁘게 노래를 하지만 비가 내릴 것 같으면 아주 시끄럽게 소리를 지른다.

내 편이냐 네 편이냐

숲 생태계는 알아서 균형을 잘 유지한다. 모든 생명체가 자기만의 생활 공간에서 자기만의 역할로 만인의 행복에 기여한다.

흔히들 자연을 그런 식으로 아름답게 상상하지만 안타깝게도 이런 생각은 틀렸다. 나무들 사이에서도 약육강식의 논리가 지배하기 때문이다. 모든 종은 생존을 원하기에 다른 종에게서 필요한 것을 뺏는다. 그 과정에서 절대 배려란 없다. 떼죽음이 발생하지 않는 것은 그나마 침략을 막는 방어 메커니즘을 종마다 갖추고 있기 때문이다. 또 하나의 브레이크는 타고나는 유전자다. 너무 욕심을 부려 너무 많이 빼앗으면 결국 자신의 생활 터전도 잃어 멸종한다. 그 사실을 유전자가 알고 있기 때문에 대부분의 종은 누가 가르쳐 주지 않아도 자연스럽게 숲을 보호하는 행동을 한다. 대표 주자를 우리는 이미 알고 있다. 앞에서 한 번 소개했던 어치다. 어치는 참나무와 너도밤나무의 열매를 먹지만 먹는 양의 몇 배를 땅에 묻어 둔다. 그래서 나무는 어치가 없을 때보다 더 많이 번식을 할 수 있다.

빛이 잘 안 드는 울창한 숲은 백화점이나 다를 바 없다. 입에 짝짝 달라붙는 진수성찬이 한 상 그득 차려져 있다. 동물이나 균류, 박테리아의 입장에서 보면 그렇다는 소리다. 나무 한 그루에는 당분과 셀룰로오스, 리그닌 등 수백만 칼로리가 저장되어 있다. 게다가 수분과 진귀한 미네랄도 많다. 내가 조금 전에 백화점이라고 했나? 백화점보다 '보물 창고'라는 표현이 더 어울리겠다. 여기선 절대 셀프 서비스가 안 통하니까. 문은 꽁꽁 잠겨 있고 껍질은 두껍다. 달콤한 보물을 구경하려면 머리를 굴려 아이디어를 짜내야 한다. 딱따구리가 대표적이다. 특수한 부리와 충격을 완화하는 머리 근육 덕분에 딱따구리는 나무를 그렇게 쪼아 대도 두통이 생기지 않는다. 봄이 되어 나무에 물이 오르고, 그 물이 맛난 영양분을 싹이 있는 곳까지 실어 나를 때면 딱따구리는 줄기나 가지의 약한 곳을 찾아 거기에 작은 구멍을 낸다. 그 구멍들이 마치 선을 따라 점을 찍어 놓은 모양인데, 안타깝게도 나무는 이 상처를 통해 피를 흘리기 시작한다. 나무의 피는 보기 괴로운 색깔이 아니라 그냥 물과 비슷하다. 그럼에도 체액의 손실은 우리 몸에서 피가 빠져나가는 것 못지않은 해를 입힌다. 딱따구리가 노리는 것도 바로 이 수액이어서 흘러나오자마자 신나게 핥아 먹기 시작한다. 그렇지만 근본적으로 나무는 딱따구리가 만용을 부려 과도하게 상처를 입히지 않는 이상 그 정도의 피해는 혼자서도 너끈히 극복할 수 있다. 몇 해가 지나면 상처는 아물고 보기 싫은 흉터만 남는다.

진디는 딱따구리보다 훨씬 게으르다. 열심히 이 나무 저 나무 날아다니며 구멍을 파는 딱따구리와 달리 잎의 혈관에 주둥이를 박고 가만히 붙어 있다. 하지만 다른 동물은 흉내 낼 수 없는 독특한 방식으로 수액을 쭉쭉 빨아 댄다. 나무의 피는 진디의 몸을 통과하고, 진디는 그것을 큰 물방울 모양으로 만들어 항문으로 배설한다. 수액에는 진디가 원하는 단백질—성장과 재생산에 필수적인 영양소—이 아주 소량밖에 없기 때문에 진디는 많은 양의 수액을 마셔야 한다. 그중에서 필요한 영양소만 걸러 내어 섭취하기 때문에 대부분의 탄수화물, 특히 당분은 그대로 다시 배출된다. 진디가 사는 나무에서 끈적거리는 비가 내리는 것도 다 그런 이유 때문이다. 다들 경험이 있을 것이다. 단풍나무 밑에 자동차를 세워 놨는데 다음 날 아침에 보니 유리창이 완전히 더러워져 있다. 단풍나무가 진디의 습격을 받은 것이다.

모든 나무 종에는 그 나무만 노리는 기생 생물이 따로 있다. 그래서 실버 전나무도, 가문비나무도, 참나무도, 너도밤나무도 나무의 종에 따라 각기 다른 종의 진디를 먹여 살린다. 잎의 생태적 니치는 이렇게 이미 꽉 차 버렸으니, 힘들지만 하는 수 없이 두꺼운 껍질을 뚫어 그 밑에 숨은 수액관을 노리는 종들도 있다. 너도밤나무 솜털깍지벌레Cryptococcus fagisuga가 대표적인데, 껍질에 사는 이런 진디들은 나무줄기 전체를 은백색 솜털로 뒤덮는다. 사람으로 치면 옴이 오른 것과 같다. 진물이 흐르는 상처는 잘 아물지가 않아서 껍질에 온통 딱지로 앉아 거칠거칠해진다. 설상가상, 그 상처 난 곳으로 균류와 박테리아까지 침범하면 나무는 극도로 쇠약해져 목숨을 잃고 만다. 그러니 나무라고 가만히 앉아 당할 수만은 없다. 이런 해충을 퇴치할 수 있는 물질을 생산한다. 그럼에도 진디의 습격이 계속되면 나무는 수피를 조금 더 두껍게 만들어 진디를 털어 낸다. 그러고 나면 적어도 몇 년 동안은 진디에게서 해방될 수 있다. 해충의 문제는 감염 가능성에 국한되지 않는다. 이놈들은 엄청난 식욕으로 나무가 저장해 놓은 영양분을 무차별적으로 빼 먹는다. 1제곱킬로미터 숲에서 수백 톤의 당분을 나무로부터 빨아 먹을 수 있을 정도니까 말이다. 나무가 성장을 위해, 다가올 봄을 위해 아끼며 저장해 둔 귀한 당분이다.

그렇지만 또 한편에선 이런 진디를 반기는 동물들이 있다. 무당벌레 같은 곤충들은 진디를 맛있게 잡아먹는다. 숲에 사는 개미들은 진디 자체보다 진디가 배출하는 단물을 노린다. 단물 배출을 촉진하기 위해 개미는 더듬이로 진디를 자극하고, 그럼 진디는 자기도 모르게 배설을 하게 된다. 개미들은 다른 생물이 이 소중한 진디 식민지를 노리지 못하게 아예 보초까지 선다. 까마득히 높은 저곳 나무 꼭대기에서 벌어지는 진짜 가축 사육인 셈이다. 개미들이 미처 다 먹지 못한 단물도 그냥 헛되이 버려지지 않는다. 나무에서 떨어진 단물이 주변 초목을 뒤덮으면, 그것을 먹기 위해 균류와 박테리아가 몰려든다. 그래서 단물로 덮인 부위가 곰팡이가 핀 것처럼 꺼멓게 변한다.

우리의 꿀벌도 진디의 배설물을 유용하게 쓴다. 꿀벌은 단물 방울을 흡입한 후 그것을 벌집으로 가져가서 다시 토해 낸 다음 검은 색깔의 꿀로 만든다. 꽃과는 아무 상관없이 만들어진 꿀인데도 사람들한테 무척 인기가 높다.

혹파리와 혹벌은 더 교묘한 방법을 동원한다. 나무의 잎을 갉아 먹고 잎의 용도를 아예 바꿔 버린다. 성충이 너도밤나무나 참나무의 잎에 알을 낳으면 알에서 깨어난 애벌레는 잎을 먹기 시작하고, 애벌레의 침에 들어 있는 화학 물질 때문에 잎이 보호막으로 용도 변경된다. 너도밤나무는 끝이 뾰족한 모양이 되고 참나무는 공처럼 둥근 모양이 되지만 어쨌든 그 보호막에 감싸인 애벌레는 안전하게 잎을 갉아 먹으며 살 수 있다. 가을이 되면 보호막은 애벌레와 함께 땅에 떨어지고 고치로 변한 애벌레는 봄이 될 때까지 그 안에서 안전하게 몸을 지킨다. 특히 너도밤나무의 잎이 해를 많이 입지만 사실 나무에게 그다지 해가 되지는 않는다.

나방의 유충은 잎 전체를 노린다. 숫자가 적을 때는 큰 피해가 없지만, 규칙적으로 습격이 반복되면 나방이 대량으로 번식하게 된다. 몇 년 전 내가 관리하는 참나무 구역에서 그런 현장을 직접 목격한 적이 있다. 6월이었는데, 가파른 남쪽 산비탈에 서 있는 나무들을 보고 나는 화들짝 놀랐다. 얼마 전에 잎이 나기 시작했는데, 잎들이 다 어디 갔는지 숲이 겨울처럼 휑했다. 지프에서 내려서니 천둥 번개가 치는 것처럼 시끄러운 소리가 귀를 때렸다. 하늘은 화창하기 그지없었으니 날씨가 원인은 아니었다. 세상에나! 참나무잎말이나방 유충 수백만 마리가 싸 대는 똥이 검은 공이 되어 내 머리와 어깨로 우수수 떨어졌다. 웩! 독일 동부나 북부의 대형 소나무 숲에서도 해마다 비슷한 일이 일어난다. 소나무자방나비Bupalus piniaria와 솔나방Dendrolimus pini 같은 나방 종의 대량 번식은 경제적인 이유로 조성된 단일 종의 인공 삼림에서 더욱 심각하다. 대부분 바이러스 질환까지 동반 발생하므로 산림 전체가 망가진다.

애벌레의 파티는 수관이 휑해져야 겨우 멈춘다. 그럼 나무는 마지막 남은 에너지를 동원하여 다시 한 번 잎을 피운다. 보통은 뜻대로 되어서 몇 주만 지나도 해충의 흔적이 거의 남지 않는다. 하지만 나무의 성장에 영향이 없을 수는 없어서 나중에 목질을 보면 그해의 나이테가 특별히 얇다. 아무리 그래도 2~3년 연속으로 해충의 공격을 받아 잎이 완전히 다 떨어지면 나무도 견디지 못한다. 솔노랑잎벌Diprionidae의 유충 역시 무서운 식욕으로 나방 유충 못지않게 소나무를 괴롭힌다. 하루에 최고 열두 개까지 침엽을 갉아 먹는 통에 얼마 가지 않아 온 나무가 황량해져 버린다.

나무는 향기를 발산하여 이들 해충의 천적을 유혹한다. 앞서 '나무의 언어' 장에서 이미 설명했다. 나무는 그것 말고도 또 다른 전략을 구사하는데 대표 주자가 마가목이다. 마가목의 잎에는 꿀샘이 있어서 꽃과 같이 달콤한 즙이 나온다. 그래서 개미들이 여름 내내 거기에 눌러앉아 떠날 줄을 모른다. 개미들 역시 우리 인간처럼 아무리 단것을 좋아해도 가끔은 다른 것도 먹고 싶은 법, 개미는 해충의 유충을 잡아먹어 마가목의 초대받지 않은 손님들을 처리해 준다. 하지만 항상 나무가 원하는 대로 되지는 않는 법이어서, 나방의 유충은 제거되었지만 개미가 나무가 주는 단물의 양에 만족하지 못해 직접 진디를 키우기 시작할 때가 있다. 진디가 나뭇잎을 갉아 먹고 단물을 만들면 개미는 진디를 자극하여 그 단물을 받아먹는 것이다. 나무는 뜻하지 않게 진디를 불러들인 꼴이 되고 만다.

무시무시한 나무좀은 매사에 철저하다. 애당초 허약한 나무를 골라 그곳에 터를 잡는데, 인생 모토가 '모 아니면 도'다. 한 마리가 공격에 성공하면 향기로 수백 마리 친구들을 불러들여 나무를 죽여 버린다. 하지만 척후병이 나무의 손에 처참한 죽음을 당하면 다른 친구들의 뷔페도 공중으로 날아가 버린다. 이들이 원하는 것은 나무의 형성층이다. 껍질과 목질 사이의 유리처럼 투명한 성장층 말이다. 나무는 이곳에서 성장을 하여 안으로는 목질을, 바깥쪽으로는 껍질을 형성한다. 형성층은 수분이 많고 당분과 미네랄이 풍부하다. 그래서 우리도 급할 땐 비상식량으로 쓸 수 있다. 봄에 직접 실험해 보라. 강풍에 쓰러진 가문비나무를 발견하거든 주머니칼로 껍질을 벗겨 낸 다음 칼날을 이용해 폭 1센티미터의 긴 띠 모양으로 줄기를 잘라 내 보라. 형성층은 나뭇진 냄새가 옅게 풍기는 당근 같은 맛으로,

영양이 정말로 풍부하다. 나무좀도 이 형성층을 찾기 위해 껍질을 뚫어 길을 내고 형성층을 찾으면 바로 근처에 알을 낳는다. 그곳이면 알에서 깬 유충이 적의 위협을 느낄 필요 없이 실컷 먹으며 쑥쑥 자랄 수가 있다. 건강한 가문비나무는 나무좀을 죽일 수도 있는 테르펜과 페놀 물질로 반격에 나선다. 설사 이 방법이 성공하지 못한다 해도 나무좀을 나뭇진 방울로 붙여 버리면 된다. 하지만 스웨덴의 학자들은 나무좀이 그사이 나무의 공격 무기를 훤히 간파하여 그에 대처하는 방법을 알아냈다는 사실을 밝혔다. 바로 균류를 이용하는 방법이다. 균류는 나무좀의 몸에 붙어서 나무의 껍질 속까지 도달한다. 그러고는 가문비나무의 화학적 방어 무기를 분해하여 아무 탈 없는 물질로 바꾸어 버린다. 나무좀이 나무를 뚫는 속도보다 균류의 성장 속도가 더 빠르기 때문에 균류는 항상 나무좀을 한발 앞선다. 덕분에 나무좀은 균류가 해독해 놓은 안전한 길을 따라 편안하게 나무를 갉아 먹을 수 있다.[33] 그러니 대량 번식의 앞길에 걸림돌이 없을 테고, 알에서 깨어난 수천 마리 나무좀들은 건강하던 나무도 쓰러뜨릴 수 있다. 그 정도의 인해 전술에는 대부분의 가문비나무가 버티지 못한다.

덩치가 큰 포식자들은 더 대담하고 거칠다. 이것들이 덩치를 유지하자면 매일 최소 몇 킬로그램의 풀은 먹어야 하지만 깊은 숲에선 풀을 구하기가 쉽지 않다. 빛이 부족해 땅바닥의 식물들은 거의 잎을 피우지 못하고, 저기 위 수관의 맛난 나뭇잎에는 키가 닿지 않는다. 따라서 이런 생태계에선 노루나 사슴의 숫자가 애당초 많아질 수가 없다. 이들의 기회는 늙은 나무가 수명을 다하고 쓰러질 때다. 이제 적어도 몇 년 동안은 빛이 바닥까지 비쳐 들 것이고 어린 나무뿐 아니라 풀과 잡초도 쭉쭉 성장할 수 있다. 그러면 동물들도 이 초록의 섬으로 우르르 몰려들 것이고, 애써 자란 풀들을 순식간에 뜯어 먹어 버릴 것이다. 빛과 함께 당분이 오고, 그 당분은 어린 나무를 매력적으로 만든다. 지금껏 엄마 나무 밑에서 옹색하게 피워 내던 작은 싹들에는 거의 양분이 들어 있지 않았다. 목숨을 부지하는 데 필요한 만큼의 양분은 엄마 나무가 뿌리를 통해 조금씩 건네주었다. 당분이 부족하다 보니 싹은 맛이 쓰고 질겨 노루도 사슴도 모두 외면했다. 하지만 이제 빛이 쏟아지고 아기 나무는 활짝 피어난다. 광합성이 시작되고, 나뭇잎은 싱싱하고 촉촉하며, 여름을 지나 내년 봄에 피어날 싹은 통통하고 영양이 가득하다. 당연히 그래야 한다. 아기 나무들이 빛의 창이 닫히기 전에 서둘러 하늘을 향해 자라려고 할 테니까. 그렇지만 활기에 찬 그 모습이 맛난 음식을 놓치지 않으려는 노루의 관심을 끌게 된다. 이제 몇 년 동안 아기 나무와 동물들 사이에서 경주가 벌어진다. 중요한 원줄기에 노루의 입이 닿지 않도록 얼른 쑥쑥 자랄 수 있을까? 모든 나무가 다 성공할 수 있는 것은 아니어서 무사히 위로 자랄 수 있는 나무는 몇 그루뿐이다. 안타깝게도 노루에게 원줄기를 먹혀 버린 나무들은 몸통이 휘거나 구부러진다. 따라서 아무 탈 없이 자란 친구들을 따라잡지 못할 것이고, 친구들이 드리운 그늘에서 빛을 받지 못하고 골골대다가 다시 흙으로 돌아갈 것이다.

나무를 괴롭히는 진짜 대도는 뽕나무버섯Armillaria mellea이다. 가을에 나무 그루터기 옆쪽에 평범하게 생긴 버섯들이 등장한다. 독일에만 일곱 종이나 서식하는데 서로 구분이 안 될 정도로 비슷비슷하게 생겼다. 이 버섯들은 나무의 친구가 아니다. 땅 밑에 포진한 하얀색의 잔가지 균사를 이용해 가문비나무, 너도밤나무, 참나무 등의 뿌리 속으로 파고든 다음 껍질 아래쪽에서 위를 향해 자라면서 부채꼴 모양의 하얀 형체를 만든다. 이것들이 나무에게서 귀한 보물을 강탈한다. 형성층에서 당분과 양분을 빼내 굵은 관을 통해 전송하는 것이다. 뿌리 모양의 이 검은 관은 균류의 왕국에서는 매우 특별한 장치다. 그런데 뽕나무버섯은 단것으로 만족하지 못하고 목질까지 파먹어 들어 숙주 나무를 썩게 한다. 결국 이 행보의 끝은 더 이상 견디지 못하는 나무의 죽음이다.

진달래과의 수정난풀속에 속하는 구상난풀은 더 지능적이다. 아예 초록색 잎은 만들지도 않고 겨우 싹만 틔워 볼품없는 밝은 갈색 꽃을 피운다. 다 알다시피 초록이 아닌 식물은 엽록소가 없어 광합성을 할 수 없다. 따라서 남의 도움을 받아야 살 수 있다. 구상난풀은 나무의 뿌리를 도와주는 균근*인 척 균근들과 어울리면서 균류와 나무 사이를 오가는 양분을 잡아채 한몫 챙긴다. 스스로는 광합성을 하지 않기 때문에 빛이 필요 없어서 정말로 어두운 가문비나무 숲에서도 아주 잘 살 수 있다. 숲머느리밥풀Melampyrum sylvaticum은 구상난풀하고 비슷하지만 살짝 더 위선적이다. 이것도 가문비나무를 좋아하고 뿌리와 균류의 공생 시스템에 끼어들어 제 마음대로 얻어먹는다. 땅 위로 올라온 부분이 식물답게 초록색이어서 약간의 빛과 이산화탄소로 당을 만들기는 한다. 그래서 독립적으로 사는 식물로 착각하기 쉽다. 하지만 그건 그저 식물인 척하기 위한 알리바이 이상이 아니다.

나무가 제공하는 서비스는 양분으로 그치지 않는다. 동물들은 어린 나무를 간지러운 몸을 긁는 효자손으로도 이용한다. 노루와 사슴의 수컷들은 해마다 뿔이 자라면 솜털 피부를 벗겨

---

* mycorrhiza, 고등 식물의 뿌리와 균류가 긴밀히 결합하여 일체되고 공생 관계가 맺어진 뿌리.

내야 한다. 그러기 위해 쉽게 부러지지 않되 살짝 휠 수 있을 두께가 되는 나무를 찾아다닌다. 안성맞춤인 나무를 발견하면 근질거리는 피부 껍질이 다 벗겨질 때까지 몇 날 며칠 동안 나무에 뿔을 비벼 댄다. 벗겨지는 것은 사슴의 솜털 피부만이 아니다. 나무의 껍질도 뜯겨 나간다. 사슴과 노루는 나무를 고를 때 종을 가리지 않는다. 가문비나무, 너도밤나무, 전나무, 참나무, 가리지 않고 그 지역에서 희귀한 종을 선택한다. 이유가 뭘까? 뿔에 마모된 껍질의 향기가 이국적인 향수처럼 유혹을 하는 것인지도 모르겠다. 하지만 더 단순한 이유일 수도 있다. 사람도 똑같지 않은가. 귀한 것은 누구나 갖고 싶은 법이다.

시달리던 나무의 줄기 직경이 10센티미터만 되면 게임은 끝난다. 대부분의 나무 종은 껍질이 두꺼워져서 뿔 달린 무지막지한 짐승들의 공격에도 당차게 저항할 수 있다. 더구나 단단해져서 탄력이 사라지기 때문에 양쪽 뿔 사이로 쏙 들어가지도 않는다. 사슴의 경우는 나무에게 바라는 것이 하나 더 있다. 보통 사슴은 풀을 먹고 살기 때문에 숲에 살지 않는다. 자연의 숲에는 풀이 아주 귀해서 사슴 떼 전체를 먹여 살리기에 충분한 양을 구할 수가 없으므로 사슴은 주로 스텝에서 산다. 그런데 홍수로 물이 범람을 하여 너른 초지가 형성된 하곡에는 이미 인간들이 터를 잡아 집을 짓고 살거나 농경지로 활용하고 있다. 하는 수 없이 사슴은 숲으로 돌아왔지만 풀을 먹고 사는 동물이라서 24시간 내내 섬유질이 풍부한 풀을 원한다. 그래서 먹다 먹다 먹을 것이 없으면 하는 수 없어 나무껍질이라도 뜯어 먹는다. 여름에 한창 물이 오를 때면 나무껍질도 잘 벗겨진다. 사슴은 (아래턱에만 있는) 앞니로 나무를 꽉 물어 아래에서 위로 길게 껍질을 쭉 찢는다. 나무가 잠을 자서 껍질이 마르는 겨울에는 뜯어 봤자 작은 조각밖에 안 뜯긴다. 하지만 여름에는 길게 쭉 찢어진다. 어쨌든 이런 짓이 나무에게는 정말이지 고통스러울 뿐 아니라 생명을 위협할 수도 있다. 벌어진 큰 상처로 균류가 들어와 급속도로 목질을 분해하기 때문이다. 얼른 새 껍질을 만들어 상처를 덮어 버리고 싶지만 면적이 워낙 커서 그럴 수도 없다. 그나마 원시림의 나무들은 아주 느리나마 성장을 하여 스스로 그런 충격을 극복할 수 있다. 원시림의 나무는 나이테가 매우 작고 목질이 질긴 데다 촘촘하여 균류가 밀고 들어오기가 힘들다. 실제로 나는 몇십 년이 지난 후 상처 자리가 완전히 아문 나무들을 자주 목격한다. 하지만 사람이 심은 인공 삼림에선 그렇지 않다. 그런 곳의 나무는 보통 매우 빠른 속도로 자라기 때문에 나이테가 크고 목질에 공기가 많다. 공기와 습기, 바로 균류가 자라기에 이상적인 조건이다. 올 것은 오고야 만다. 나무는 중년의 나이에도 쉽게 부러진다. 그런 나무가 스스로 치유할 수 있는 수준은 겨울에 입은 아주 작은 상처뿐이다.

집 짓기

지금까지 설명한 용도로도 충분할 테지만 동물들의 나무 사랑은 여기서 그치지 않는다. 나무는 인기가 높은 집터다. 물론 나무가 자발적으로 자기 몸을 집터로 제공했을 리는 없겠지만 말이다. 고목의 굵은 줄기는 특히 새와 담비, 박쥐 들에게 인기가 높다. 그곳에 지은 집은 벽이 튼실하여 더위와 추위를 잘 막아 주기 때문이다. 대부분 시작은 딱따구리다. 딱따구리가 줄기에 구멍을 낸다. 하지만 아직은 깊이가 불과 몇 센티미터밖에 안 된다. 흔히 새들은 다 썩어 가는 나무에만 집을 짓는다고 생각하는데, 그건 틀렸다. 오히려 건강한 나무를 골라 찾는다. 당신 같으면 어떻게 하겠는가? 옆에 새 집을 지을 좋은 터가 있는데 굳이 다 쓰러져 가는 집으로 들어가겠는가? 딱따구리도 마찬가지여서 오래오래 살 수 있는 튼튼한 집을 원한다. 그런데 이때 딱따구리가 머리를 쓴다. 딱따구리 정도의 힘과 튼튼한 부리면 건강한 나무에도 충분히 구멍을 뚫어 집을 지을 수 있지만 더 빠른 완공을 위해 조금 더 수월한 방법을 택하는 것이다. 딱따구리는 한바탕 작업을 끝낸 후 몇 달 동안 휴식을 취하며 균류의 협력을 구한다. 균류 입장에서는 마다할 이유가 없는 초대장이다. 자기 혼자 힘으로는 도저히 뚫고 들어갈 수 없는 나무껍질을 예쁘게 뚫어 놓고 어서 오라고 손짓을 해 대는데 어떻게 외면할 수 있겠는가. 균류는 서둘러 구멍의 입구에 둥지를 틀고 나무를 해체하기 시작한다. 나무 입장에서 보면 이중의 침략이지만 딱따구리 입장에선 행복한 노동 분업이다. 균류 덕분에 나무의 섬유가 물러져 집을 짓기가 훨씬 수월해지기 때문이다. 드디어 공사가 끝나고 입주 가능한 동굴이 마련된다. 덩치가 까마귀만 한 까막딱따구리는 아직 그 정도의 동굴 크기로는 충분치 않아 여러 개의 동굴을 동시에 만든다. 한곳에는 알을 낳고 다른 곳에선 잠을 자고 또 다른 곳은 침대보 교체용으로 사용한다. 그리고 해마다 인테리어를 다시 손보는데, 나무 발치에 떨어진 지저깨비가 바로 그 증거다. 수선과 보수가 필요한 이유는 도움을 청했던 균류가 멈추지 않고 계속 작업을 해 대기 때문이다. 점점 더 줄기 안쪽으로 파고들어 목질을 축축한 먼지로 바꾸어 버리는 통에 그런 곳에선 알을 품을 수가 없다. 딱따구리가 이 쓰레기들을 내다 버리면 동굴의 크기는 조금 더 커진다. 그러다 보면 언젠가는 동굴이 너무 크고 깊어져 새의 새끼들이 첫 비행을 위해 입구까지 기어 나오기가 너무 힘들다. 그때쯤 되면 슬슬 세입자들이 찾아와 기웃거리며 혹시 딱따구리가 집을 비우고 떠나지는 않는지 살핀다. 직접 나무에 집을 지을 수 없는 생물종들이다. 동고비가 대표적인 종으로, 딱따구리와 비슷하게 생겼지만 덩치가 훨씬 작은 이 새는 딱따구리와 비슷하게 죽은 나무를 쪼아 그 속에 숨은 벌레의 유충을 잡아먹고 산다. 동고비는 딱따구리가 버리고 간 둥지를 좋아한다. 하지만 문제가 하나 있다. 입구가 너무 커서 천적이 들어와 알을 훔쳐 갈 위험이 높은 것이다. 이런 사태를 예방하기 위해 동고비는 입구 주변을 찰흙으로 메운다. 세입자들 이야기가 나왔으니 한마디 덧붙이자면 나무는 목질 때문에 원치 않게 세입자들에게 특별 서비스를 제공한다. 나무의 섬유는 소리를 특히 잘 전달한다. 바이올린이나 기타 같은 악기를 나무로 만드는 이유도 바로 이 때문이다. 나무의 섬유가 소리 전달을 얼마나 잘하는지는 간단한 실험으로도 확인할 수 있다.

숲에서 쓰러진 긴 나무줄기를 발견하거든 줄기가 더 가는 쪽 끝에 귀를 대고 친구에게 굵은 쪽 줄기의 끝을 돌로 톡톡 두드리거나 긁으라고 해보라. 줄기를 통과하면서 소리가 놀랄 정도로 또렷하게 들릴 것이다. 하지만 귀를 나무에서 떼자마자 소리가 전혀 안 들릴 것이다. 나무 동굴 속에서 사는 새들은 이런 원리를 경보 장치로 이용한다. 물론 그럴 때 들리는 소리는 장난삼아 두드리는 조약돌 소리가 아니라 담비나 다람쥐의 발톱 소리다. 저 위 나무 꼭대기에서 그런 소리를 들으면 새는 얼른 날아갈 수 있다. 둥지에 알을 낳았을 때도 적의 주의를 딴 곳으로 돌려 알을 보호할 수 있다. 물론 이런 노력은 잘 먹히지 않는다. 그래도 어쨌든 어미 새는 목숨을 부지하여 다시 알을 낳을 수 있다.

박쥐에겐 다른 걱정거리가 있다. 박쥐는 새끼를 기를 때 나무 동굴 여러 개를 동시에 사용해야 한다. 베히슈타인 윗수염박쥐Myotis bechsteinii의 경우 암컷들이 힘을 합쳐 공동 육아를 한다. 그런데 동굴을 여러 개 확보해 두고 한곳에서 며칠 지낸 후에 다른 동굴로 이사를 한다. 이유는 기생 생물이다. 새끼가 다 자랄 때까지 같은 동굴에서 지내면 기생 생물의 숫자가 기하급수적으로 늘어나 박쥐들을 괴롭힌다. 그래서 짧은 간격을 두고 이사를 다니면서 기생 생물을 떨구어 내는 것이다.

부엉이는 딱따구리가 판 구멍이 너무 작아서 몇 년 더 인내심을 발휘하여 기다려야 한다. 딱따구리가 떠나도 구멍은 계속 썩기 때문에 몇 년만 지나면 부엉이가 들어갈 수 있을 정도로 구멍이 넓어진다. 운이 좋으면 딱따구리의 아파트를 발견할 수도 있다. 딱따구리들이 한 나무의 위아래 층에 바짝 붙여서 구멍을 여러 개 뚫어 놓은 것이다. 그럼 나무가 썩으면서 이 구멍들이 절로 뚫리고, 갑자기 큰 동굴이 생기게 된다.

그럼 나무는? 나무는 절망의 심정으로 저항을 시도한다. 하지만 균류를 막기에는 때가 너무 늦었다. 이미 몇 년 동안 문을 활짝 열어 놓고 있었으니 말이다. 그렇지만 겉으로 드러난 상처만 아물어도 나무의 수명은 눈에 띄게 늘어난다. 겉이 아물면 비록 속은 계속 썩어 들어가더라도 속이 빈 강철관처럼 튼튼하게 버티며 100년 넘게 살 수 있다. 이런 나무의 수리 작업 흔적이 바로 딱따구리 구멍 주변으로 생긴 혹이다. 하지만 나무가 그 입구를 완전히 막아 버릴 수 있는 경우는 극히 드물다. 대부분은 딱따구리가 다시 날아와 나무가 덧칠해 둔 새 목질마저 가차 없이 쪼아 내 버린다.

이제 썩어 가는 줄기는 복합적 생활 공동체의 터전이 된다. 개미들이 나무를 타고 올라와 썩어 가는 줄기를 갉아서 상자 모양의 집을 짓는다. 벽은 진디의 달콤한 분비물로 덕지덕지

바른다. 이곳으로 균류가 밀려와 균사로 개미의 집을 튼튼하게 다져 준다. 수많은 종의 딱정벌레들도 동굴 내부에서 썩어가는 물질을 보고 달려온다. 유충이 성충으로 자라려면 몇 년이 걸리기 때문에 이들 곤충에겐 오래가는 튼튼한 거처가 필요하다. 그러니 몇십 년에 걸쳐 서서히 죽어 가는, 오래오래 버텨 주는 나무야말로 최고의 집인 셈이다. 이제 이들 균류와 곤충들이 만들어 내는 배설물과 지저깨비가 나무 동굴에 차곡차곡 쌓인다. 박쥐, 부엉이, 다람쥐꼬리겨울잠쥐Gils gils도 깊고 어두운 나무 동굴로 배설물을 배출한다. 그럼 양분이 가득한 그 배설물의 쓰레기 더미에서 붉은가슴방아벌레Ischnodes sanguinicollis 같은 생물이 살아간다.[34] 길이가 1~4센티미터인 은둔자 꽃무지Osmoderma eremita의 유충 역시 그 배설물을 먹고 산다. 이 곤충은 어찌나 꼼지락거리기 싫어하는지 평생을 썩은 나무줄기 발치의 어두컴컴한 동굴에서 산다. 거의 날지도 기지도 않기 때문에 여러 세대가 몇십 년에 걸쳐 같은 나무에서 살기도 한다. 그러니 거처로 삼은 고목이 오래오래 생명을 유지해 주어야 한다. 그 고목이 쓰러지기라도 하는 날이면 그야말로 천재지변이다. 옆 나무까지 그 머나먼 몇 킬로미터 거리를 어떻게 걸어가겠는가? 기력이 없어 죽고 말 것이다.

어느 날 나무가 투쟁을 포기하고 불어닥친 폭풍에 허리가 잘린다 해도 공동체를 위한 나무의 값진 희생은 아직 끝나지 않는다. 아직 둘의 연관성이 명확히 밝혀진 것은 아니지만 숲이라는 생태계의 안정화는 종의 다양성과 함께 간다. 종이 많을수록 한 종이 다른 종을 짓밟고 마구 번식할 수 있는 기회가 줄어든다. 곧바로 천적이 나타날 테니까. 나무는 시신조차, 존재 그 자체만으로도 산 나무들의 수분 대사 균형에 큰 기여를 할 수 있다는 사실은 앞서 '나무 에어컨' 장에서 살펴본 바 있다.

생물 다양성의 모선母船

나무에 의지해 사는 대부분의 동물들은 나무에게 해를 입히지 않는다. 그것들은 줄기나 수관을 수분과 빛의 차이를 통해 작은 생태적 니치를 마련해 주는 특별한 생활 공간으로 이용할 뿐이다. 수많은 생물들이 나무에 터를 잡고 산다. 하지만 아직 나무의 맨 꼭대기에서 일어나는 일들에는 인간의 눈길이 미치지 못한다. 그 위까지 올라가려면 기중기나 특수 구조물을 동원해야 하기 때문에 돈이 많이 든다. 그래서 비용 절감을 위해 무분별한 방법이 동원될 때도 있다. 몇 년 전 나무생물학자 마르틴 고스너Martin Goßner 박사가 바이에른 숲 국립공원을 찾아가 키가 52미터에 (사람 가슴 높이의) 직경이 2미터인 수령 600여 년의 고목에 약을 살포하였다. 그가 사용한 약품은 제충국제除蟲菊劑로, 수관에 살고 있던 거미와 곤충들을 모조리 죽여 버린 독한 살충제였다. 어쨌든 죽어 나자빠진 곤충들이 바닥으로 우르르 떨어졌고, 그 광경을 통해 엄청난 종이 그 나무에 살고 있었다는 사실이 밝혀졌다. 무려 257종, 2041마리의 곤충이었다.[35]

수관에는 심지어 특수 수분 비오톱*도 존재한다. 줄기가 V자로 갈라지는 지점에 빗물이 고인다. 이 미니 웅덩이에 모기 유충들이 살고, 희귀한 딱정벌레가 그 유충들을 먹으러 달려온다. 줄기 속 동굴에 빗물이 고일 경우는 크게 인기가 없다. 안이 어두운 데다 퀴퀴한 냄새를 풍기는 혼탁한 물에는 산소가 극히 적다. 물속에서 자라는 유충들은 그런 환경에선 숨을 쉴 수가 없다. 꽃등에Volucella bombylans 새끼처럼 호흡 장치를 따로 갖추고 있지 않다면 말이다. 이놈들은 기도가 망원경처럼 생겨서 작은 물속에서도 살아남을 수가 있다. 그런 곳에선 살아 꼼지락대는 것이 박테리아밖에 없기 때문에 아마도 이 유충들은 그런 박테리아를 먹고 사는 것 같다.[36]

---

* biotope, 생물이 사는 소규모 생태 공간.

모든 나무가 딱따구리의 공격을 받아 그나마 간신히 목숨이라도 부지할 수 있으면 고마운 경우다. 아예 생명을 잃는 나무도 부지기수다. 폭풍에 줄기가 부러지거나 나무좀의 습격을 받아 불과 몇 주 만에 껍질이 다 뜯기고 잎이 다 말라 죽는 등, 멀쩡하던 나무가 하루아침에 생을 마감하기도 한다. 그렇게 되면 나무 생태계 역시 급격한 변화를 맞는다. 나무의 혈관을 통해 꾸준히 습기를 제공받고 수관으로부터 당을 공급받던 곤충과 균류는 나무의 시신을 버리고 떠나거나 나무와 운명을 같이할 수밖에 없다. 하나의 작은 세계가 사라지는 것이다. 아니, 사라지는 것이 아닌가? 다시 시작인가?

"내가 가더라도 나의 일부만 가는 것이다." 페터 마파이*의 유행가 가사인 이 구절은 나무가 썼다고 해도 과언이 아니다. 죽은 나무는 전과 다름없이 숲의 순환에 필수적 존재이기 때문이다. 나무는 수십 년 동안 땅에서 양분을 빨아 올려 목질과 껍질에 저장하였다. 이제 그것이 자식들을 키울 수 있는 소중한 보물이 된다. 물론 그 보물이 곧바로 자식들의 손으로 넘어갈 수 있는 것은 아니다. 다른 유기체의 도움을 받아야 한다. 엄마 나무의 부러진 줄기가 땅으로 쓰러지면 그 줄기와 뿌리 주

---

* Peter Maffay, 루마니아 출신의 독일 가수.

변에서 수천 종의 균류와 곤충들이 요리 대회를 시작한다. 각자가 좋아하는 분해 단계와 성분이 있다. 그래서 이런 종들은 절대 산 나무를 위협하지 않는다. 산 나무는 너무 신선해서 입맛에 맞지 않는다. 썩어 문드러진 나무 섬유, 썩어 눅눅해진 세포, 이런 것들이 이들의 주식이다. 더구나 식사 시간은 물론이고 성장 자체가 너무나 느리다. 유럽사슴벌레Lucanus cervus만 봐도 그렇다. 성충이 되어 살 수 있는 시간은 짝짓기에 필요한 몇 주가 전부다. 대부분의 시간은 유충으로 보내는데 바스러지는 활엽수의 뿌리를 느릿느릿 갉아 먹는다. 그러다 어느 날 문득 살이 올라 뚱뚱해진 몸으로 고치가 되는데, 그때까지 무려 8년이 걸린다.

콘솔버섯Konsolenpilze도 마찬가지로 그렇게 느리다. 이 버섯은 접시를 반으로 쪼갠 모양으로 널빤지처럼 죽은 나무줄기에 붙어 있기 때문에 이런 이름이 붙었다. 이 종의 대표라면 소나무잔나비버섯Fomitopsis pinicola을 꼽을 수 있다. 이 버섯은 나무 목질의 흰 셀룰로오스 섬유를 먹고 사는데 식사 후에는 부스러지는 갈색 정육면체 배설물을 남긴다. 버섯의 갓은 앞에서 말한 대로 반쪽 난 접시 모양으로 항상 줄기에 수평으로 붙어 있다. 그래야 갓 아래쪽 작은 관을 통해 번식에 필요한 포자를 확실히 배출할 수 있기 때문이다. 어느 날 죽은 나무가 쓰러지면 버섯은 관의 문을 닫고 지금까지의 것과는 반대 방향으로 계속 성장하여 새로운 수평 접시를 또 하나 만든다.

버섯들 간에도 양분을 두고 치열한 싸움이 벌어진다. 톱으로 자른 죽은 나무를 보면 잘 알 수 있다. 대리석 같은 나무의 조직을 가만히 들여다보면 더 밝은 부분이 있고 어두운 부분이 있는데 둘 사이를 검은 선이 정확하게 가르고 있다. 색깔의 차이는 버섯의 종류가 다르기 때문에 생긴다. 어두운 색깔의 단단한 중합체*를 이용해 다른 종이 자신의 영역으로 침범하지 못하도록 막는 것이다. 우리 눈에는 영락없는 전선戰線이다.

전체적으로 볼 때 모든 식물 및 동물 종의 5분의 1이 죽은 나무에 의지해 살아간다. 지금껏 알려진 종만 따져도 약 6000여 종에 이른다.[37]

그것들의 유용성은 앞에서 말한 영양소의 순환이다. 그런데 그것들이 숲에 해를 끼치지는 않을까? 혹시라도 죽은 나무가 부족하면 산 나무를 잡아먹자는 생각을 할 수도 있지 않을까? 숲을 찾는 관광객들은 나를 붙들고 이런 걱정을 늘어놓는다. 숲의 주인들도 그런 이유에서 죽은 나무줄기를 얼른 치워 버린다. 하지만 다 쓸데없는 걱정이다. 괜히 소중한 생활 공간만 파

---

* 유기 화합물의 분자가 중합해서 생성하는 화합물로, 폴리머라고도 한다.

괴하는 짓거리다. 죽은 나무에 사는 주민들은 산 나무를 건드릴 생각이 손톱만큼도 없기 때문이다. 산 나무는 너무 딱딱하고 너무 습기가 많고 당분도 너무 많다. 그 밖에도 산 나무들은 자기 몸을 집으로 삼는 생물을 마뜩잖게 여긴다. 그래서 자연적 환경에서 잘 먹고 잘 자란 나무들은 모든 공격에 강력하게 저항한다. 균류들까지 나서서 생활의 근거를 마련한 나무들을 도와준다.

때로는 죽은 나무가 직접 어린 나무를 키우기도 한다. 쓰러져 누운 엄마의 줄기는 어린 자식의 요람이 될 수 있다. 예를 들어 가문비나무의 씨앗은 엄마의 죽은 몸통에 떨어졌을 때 특히 더 발아를 잘할 수 있다. 학계에서는 이를 두고 좀 밥맛없는 말이기는 하지만 '시신의 회춘'이라 부른다. 썩어 부드러워진 목질에는 넉넉한 수분이 저장되어 있는 데다, 균류와 곤충들이 이미 나무가 품고 있던 양분을 갉아서 꺼내 놓았다. 다만 아주 작은 문제가 하나 있다. 흙의 대용품으로 삼은 엄마의 줄기는 단단하게 유지되지 못하고 계속 분해되다가 어느 날 완전히 부식토가 되어 땅속으로 사라진다. 그럼 그 속에 뿌리를 내린 아기 나무는 어떻게 될까? 나무의 뿌리가 서서히 노출되면서 붙잡고 설 지주를 잃을 텐데 말이다. 그러나 너무 걱정할 필요는 없다. 그 과정이 수십 년에 걸쳐 아주 서서히 진행되기 때문에 아기 나무의 잔뿌리들이 분해되는 엄마 나무를 따라 땅속으로 뻗어 나갈 것이다. 따라서 그런 식으로 성장한 가문비나무의 줄기는 죽마*를 탄 모양새가 되는데 그 죽마의 키는 예전에 누워 있던 엄마 나무의 직경만큼이다.

---

* 긴 대막대기 두 개에 나지막하게 발판을 각각 붙여 발을 올려놓고 위쪽을 붙들고 걸어 다닐 수 있게 만든 것.

겨울잠

늦여름의 숲에는 그 시기에만 느낄 수 있는 독특한 분위기가 있다. 무성한 초록 수관은 서서히 노란빛을 띠기 시작한다. 힘든 여름을 견디느라 지치고 탈진한 나무들이 이 여름이 어서 끝이 나기를 기다리는 것만 같다. 고된 하루를 끝내고 얼른 집에 가서 푹 쉬고 싶은 우리네 심정처럼 말이다.

갈색 곰은 겨울잠을 자고 설치류도 겨울잠을 잔다. 그럼 나무는? 우리가 밤에 잠을 자듯 나무에게도 그 비슷한 휴식 시간이 있을까? 갈색 곰이 가장 적절한 비유일 듯하다. 갈색 곰도 나무와 비슷한 전략을 구사하니까 말이다. 곰은 여름과 초

가을에 열심히 먹어 두툼한 지방층을 만들고 그것으로 겨울을 난다. 나무도 이와 똑같이 행동한다. 물론 나무는 월귤나무를 먹거나 연어를 먹지는 않지만 힘껏 햇빛을 빨아들여 그것으로 당분과 다른 양분을 만든다. 더구나 그 양분을 저장하는 장소도 곰처럼 피부다. 물론 곰처럼 살을 찌울 수는 없기 때문에(살이 찌는 곳은 뼈, 그러니까 목질뿐이다) 조직을 영양분으로 꽉 채울 수밖에 없다. 또 곰은 잠들기 직전까지 닥치는 대로 계속 먹어 대지만 나무는 때가 되면 저절로 식욕을 잃는다. 특히 양벚나무와 마가목류chequer tree(Sorbus torminalis)는 8월만 되어도 벌써 우리 눈으로도 변화를 감지할 수 있다. 10월까지는 아직 화창한 늦여름 햇살을 마음껏 활용할 수 있는데도 이것들은 8월부터 벌써 붉은 색깔로 변하기 시작한다. 올해는 장사를 그만하고 가게 문을 닫겠다는 뜻이다. 껍질과 뿌리 속 저장고는 꽉 찼다. 더 이상 당분을 생산해 봤자 쌓아 둘 곳도 없다. 곰은 여전히 왕성한 식욕을 자랑하지만 이들 종의 나무는 이미 잠의 요정에게 어깨를 기댄다. 물론 그것들을 제외한 대부분의 나무 종들은 저장고가 훨씬 더 큰 것인지 첫 추위가 닥쳐오는 날까지 쉬지 않고 열심히 광합성을 해 댄다. 하지만 추위가 닥치면 그것들 역시 모든 활동을 중지할 수밖에 없다. 이유 중 하나가 물이다. 나무가 일을 하려면 물이 흐르는 상태여야 한다. '혈관'이 얼면 더 이상 일을 할 수 없다. 물이 꽉 찬 상태에서 얼면 자칫 수도관처럼 터져 버릴 수도 있다. 따라서 대부분의 종이 7월부터 벌써 서서히 수분을 줄이고 활동도 자제한다. 하지만 아직은 두 가지 이유에서 완전히 겨울 모드로 전환할 수 없다. 첫째, (앞에서 예로 든 그 벚나무과 일가가 아니라면) 따뜻한 늦여름의 남은 날들을 적극 활용해 에너지 저장고를 채우는 것이 마땅하다. 둘째, 대부분의 나무 종은 잎에 남아 있는 영양분을 줄기와 뿌리로 옮길 시간이 필요하다. 특히 초록, 그러니까 엽록소는 이듬해 봄에 다시 새잎으로 대량 수송하려면 분해를 해 두어야 한다. 엽록소가 분해되면 원래 잎에 숨어 있던 노란색과 갈색이 비로소 모습을 드러낸다. 이 색깔의 성분은 카로틴으로, 아마도 경고의 기능을 하는 듯하다. 이 색깔이 나타나는 시점이 되면 진디를 비롯한 곤충들이 추위에 대비하여 껍질의 틈으로 숨어든다. 또 건강한 나무는 화려한 색깔의 낙엽으로 자신의 뛰어난 면역력을 자랑한다. 그것은 곧 이듬해 봄에 강력한 유독 물질로 침입자를 퇴치할 수 있다는 메시지다.[38] 나무좀의 유충들이 그런 나무를 기피하는 것은 당연한 일, 조금 더 허약하여 낙엽 색깔이 덜 화려한 나무를 찾아 나선다.

그런데 해마다 이런 수고와 고생을 반복하는 이유는 무엇일까? 침엽수들은 전혀 다른 방식으로 겨울을 맞이한다. 침엽수는 낙엽을 만들지 않는다. 가지에 달린 푸른 잎을 그대로 둔 채 겨울을 난다. 침엽수의 잎에는 결빙을 막는 부동 물질이 저장되어 있다. 또 겨울에는 수분 증발을 막기 위해 잎의 표면을 두꺼운 왁스층으로 뒤덮는다. 잎의 피부도 질기고 딱딱하며, 작은 숨구멍들은 표면 저 안쪽 깊은 곳에 쏙 들어가 있다. 이 모든 조치가 힘을 합하여 수분 손실을 최소화한다. 땅이 얼어붙어 수분을 빨아들일 수 없는 상황에서 잎으로 수분이 손실된다면 비극적인 결과가 초래될 수밖에 없다. 수분을 빼앗긴 나무는 말라 죽고 말 것이다.

그와 달리 활엽수의 잎은 부드럽고 여리다. 그래서 실질적으로 방어력이 전혀 없다. 너도밤나무와 참나무가 추위가 닥치자마자 서둘러 잎을 버리는 이유도 그 때문이다. 하지만 왜 활엽수들은 진화를 거치면서 침엽수처럼 두꺼운 외피와 부동 물질을 만들지 않았던 것일까? 해마다 나무 한 그루당 최대 100만 개의 잎을 새로 만들고 겨우 몇 달 쓰다가 다시 힘들여 버리는 것이 과연 의미 있는 짓일까? 진화는 이 질문에 아마 "그렇다"라고 대답할 것이다. 활엽수가 지구에 등장한 것은 지금으로부터 약 1억 년 전이다. 침엽수의 등장 시점은 그보다 이른 1억 7000만 년 전이었으니까 활엽수가 상대적으로 더 현대적인 진화의 결과물이다. 실제로 자세히 들여다보면 가을마다 활엽수들이 하는 행동은 매우 바람직하다. 잎을 버려서 겨울 폭풍을 피할 수 있기 때문이다. 10월부터 불어닥치는 중부 유럽의 태풍은 나무에게 생사가 달린 엄청난 재난이다. 풍속이 시속 100킬로미터만 돼도 큰 나무가 쓰러지는데 그런 바람이 몇 주에 한 번꼴로 불어닥치는 것이다. 그러잖아도 가을 폭우에 땅이 심하게 젖어 질퍽거리고, 그런 무른 땅에서 뿌리는 붙잡을 곳이 없다. 그런 마당에 200톤 무게의 힘으로 폭풍이 불어닥치면 다 자란 어른 나무도 뿌리가 뽑히고 만다. 대책이 미비하면 누구도 견디지 못하고 쓰러진다. 따라서 활엽수들은 그런 상황에 대비하여 만반의 준비를 갖춘다. 바람을 피하기 위해 태양의 돛을 훌훌 던져 버린다. 무려 1200제곱미터[39]라는 엄청난 면적이 땅으로 떨어져 내리는 것이다. 진짜 돛에 빗대자면 40미터 높이의 돛대를 단 돛단배가 주 돛대를 30×40미터 크기로 돌돌 마는 것과 같다. 이것이 전부가 아니다. 줄기와 가지도 형태를 바꾸어 공기저항계수가 최신형 승용차보다 낮도록 만든다. 게다가 나무의 전체 구조가 워낙 탄력성이 크기 때문에 아무리 혹독한 바람도 충격이 완화되어 나무 전체로 골고루 분산된다. 이 모든 조치를 총동원하여 활엽수들은 겨울의 태풍을 무사히 견뎌 낸다. 5~10년에 한 번씩 찾아오는 초특급 태풍은 서로를 의지하며 이겨 낸다. 모든 나무는 다른 개체이고 다른 역사가 있기에 나무 섬유의 성장 과정도 다 다르다. 따라서 돌풍이 처음으로 밀어닥칠 때는 모든 나무가 동시에 같은 방향으로 휘지만 다시 제자리로 돌아오는 속도는 나무마다 다르다. 나무가 쓰러지는 경우는 대부분 처음이 아니라 그다음으로 잇달아 불어온 돌풍 탓이다. 안 그래도 격하게 흔들리는 와중에 또 한 번—이번에는 더 많이— 휘기 때문이다. 하지만 인간의 손이 닿지 않은 진짜 숲에선 나무들이 서로를 도와 위기를 이겨 낸다. 휘어졌다 제자리로 돌아오는 수관들이 서로 부딪친다. 돌아오는 속도가 다들 다르기 때문이다. 어떤 나무는 아직 돌아오는 중인데 다른 나무는 벌써 다시 앞으로 휘어진다. 그 결과 두 나무가 서로 부드럽게 충돌하고, 그 과정에서 서로의 몸이 더 이상 휘지 못하게 막아 주는 브레이크 역할을 한다. 그래서 다시 돌풍이 불어닥칠 때쯤에는 두 나무는 거의 정지 상태에 있게 되므로 전투는 처음부터 다시 시작된다. 수관의 이런 놀이는 언제 봐도 매력적이다. 숲이라는 사회 공동체와 그곳에 사는 각각의 개체들을 동시에 관찰할 수 있으니 말이다. 물론 태풍이 불 때 숲에 들어가는 것이 그리 권장할 사항은 아니지만 말이다.

낙엽으로 돌아가 보자. 해마다 힘들여 잎을 새로 만드는 것이 의미 있는 행동이라는 것은 무사히 겨울을 나는 나무들을 보아도 잘 알 수 있다. 하지만 겨울의 복병은 더 있다. 바로 눈이다. 앞에서 말한 대로 1200제곱미터의 잎 면적이 사라지면 눈이 쌓일 수 있는 곳은 가지뿐이다. 이 말은 눈의 대부분이 바닥으로 떨어진다는 뜻이다. 눈보다 더 무서운 짐이 얼음이다. 몇 년 전 기온이 살짝 영하로 떨어진 날 슬슬 부슬비가 내렸다. 비만 보면 크게 문제 될 것 없는 가는 비였다. 그런데 이런 이상한 날씨가 사흘 연속 이어지자 나는 슬슬 숲이 걱정되기 시작했다. 강수는 내리면서 곧바로 언 나뭇가지에 달라붙어 엄청난 무게로 가지를 짓누른다. 보기에는 더없이 아름다운 풍경이었다. 모든 나무가 반짝이는 유리 막으로 뒤덮여 있었다. 하지만 얼음의 무게 탓에 어린 자작나무들이 단체로 휘어져 있었다. 나는 무거운 마음으로 애써 그 광경을 외면했다. 다 자란 나무들, 특히 침엽수—대부분 더글러스 소나무와 가문비나무—의 경우 수관의 가지가 최대 3분의 2까지 부러졌다. 얼음에 싸인 나뭇가지들이 큰 소리를 내며 떨어졌다. 가지를 잃은 나무는 극심하게 허약해진다. 수관이 다시 예전처럼 완벽해지기까지 무려 몇십 년이 걸리기도 한다.

그런데 휘어진 어린 자작나무들이 의외의 모습을 보였다. 며칠 후 얼음이 녹자 95퍼센트가 다시 벌떡 일어선 것이다. 몇 년이 지난 지금 그 자작나무들은 아무 일도 없었다는 듯 건강하게 자라고 있다. 물론 그중 몇 그루는 다시 일어서지 못했다. 휘어진 채로 말라 죽었고 썩은 줄기가 부러져 서서히 다시 흙으로 돌아갔다.

그러므로 낙엽은 효과적인 보호 조치이며, 특히 중부 독일 같은 기후에는 안성맞춤의 월동 전략이다. 말이 나왔으니 말이지만 나무에게는 사실 마침내 화장실에 갈 수 있는 절호의 기회이기도 하다. 잠자리에 들기 전 화장실에 가서 오줌통을 비우는 우리처럼 나무도 배출하고 싶은 쓸모없는 물질들을 이런 기회에 싹 비운다. 쓸모없는 물질들을 떨어지는 잎 속에 슬쩍 숨겨 땅으로 버리는 것이다. 잎을 떨어뜨리는 것은 적극적 행위다. 잎을 떨구어 낼 때까지는 아직 잠을 잘 수가 없다. 일단 저장 물질을 다시 줄기로 돌려보내고, 떨켜 즉 분리층을 형성하여 잎과 가지가 연결된 부위를 잘라 낸다. 그러고 나면 가녀린 미풍만으로도 충분하다. 잎이 우수수 떨어져 내린다. 마침내 나무는 마음 푹 놓고 휴식을 취할 수 있다. 사실 지난여름의 고된 노동을 마친 나무에겐 휴식이 절대적으로 필요하다. 나무 역시 잠을 빼앗기면 사람과 비슷한 결과가 나타난다. 생명이 위태로워지는 것이다. 참나무나 자작나무를 화분에 심어 거실에 두면 오래 살지 못하는 것도 다 그런 이유 때문이다. 그런 환경에선 푹 쉴 수가 없다. 그래서 대부분 1년을 못 넘기고 죽고 만다.

부모의 그늘에서 자라는 아기 나무들의 경우 이런 표준 낙엽 코스를 따르지 않는 몇 가지 일탈 행동이 눈에 띈다. 엄마 나무가 잎을 버리면 갑자기 환한 햇빛이 숲의 바닥까지 밀려든다. 따라서 아기 나무는 목을 빼고 이 시간만 기다렸다가 환한 빛을 빨아들여 에너지를 채운다. 대부분은 그러다 갑자기 찾아온 첫 추위에 화들짝 놀란다. 온도가 영하로 떨어지면, 예를 들어 밤 기온이 영하 5도가 되면 모든 나무가 피곤에 젖어 겨울잠에 빠져든다. 분리층을 만들고 자시고 할 시간이 없으니 잎이 그대로 나무에 달려 있다. 하지만 아기 나무에겐 매달린 잎이 큰 해를 입히지 못한다. 워낙 키가 작기 때문에 바람도 비켜 갈 수 있고 눈도 거의 문제를 일으키지 못한다. 봄이 되면 아기 나무는 똑같은 기회를 다시 한 번 활용한다. 큰 나무보다 2주 앞서 싹을 틔우고 그것으로 풍성한 빛의 아침을 만끽한다. 그런데 언제 시작해야 할지 아기 나무는 어떻게 알까? 엄마 나무의 스케줄을 꿰고 있는 것도 아닌데 말이다. 바로 온화해진 땅바닥 근처의 기온이 그 주인공이다. 땅바닥의 봄은 저 위 30미터 상공의 수관보다 약 2주 빠르게 시작된다. 수관이 있는 곳은 거친 바람과 살을 에는 차가운 밤 추위가 따뜻한 계절의 방문을 아직 밀어내고 있다. 하지만 땅바닥은 저 위 하늘을 가린 엄마

나무의 빽빽한 가지 덕분에 혹독한 꽃샘추위가 들어오지 못한다. 게다가 땅에 쌓인 낙엽층이 따뜻한 퇴비 무더기 같은 작용을 하여 온도를 몇 도 올려 준다. 가을에 공짜로 얻은 며칠까지 더하면 족히 한 달의 자유 성장 시간이 아기 나무에게 주어진다. 물론 그 시간은 생장 기간의 20퍼센트가 채 안 되는 시간이긴 하다.

활엽수라고 해서 다 똑같은 활엽수가 아니다. 절약을 하는 방식도 각양각색이다. 보통의 활엽수는 낙엽을 버리기 전에 남아 있던 양분을 가지로 돌려보낸다. 그런데 잎에 양분이 남아 있건 말건 신경 쓰지 않는 나무들이 있다. 예를 들어 오리나무가 그런데, 내일은 없을 것처럼 초록이 찬란한 채로 잎을 마구 던져 버린다. 이 나무들은 대부분 영양이 풍부한 습지에 서 있기 때문에 해마다 엽록소를 다시 생산하는 사치를 누릴 수가 있다. 발치에서 균류와 박테리아가 떨어진 잎을 재활용하여 엽록소 생산에 필요한 양분을 마련해 주고 뿌리가 그것을 다시 흡수할 수 있기 때문이다. 잎의 질소를 되돌려보내는 짓도 하지 않는다. 오리나무는 근생균과Rhizobiaceae와 공생을 하기 때문에 항상 넉넉하게 질소를 쓸 수 있다. 이 근생균들은 해마다 제곱킬로미터당 최대 30톤의 질소를 공기 중에서 끌어와 나무 친구의 뿌리에 공급한다.[40] 대부분의 농부가 밭에 비료로 뿌리는 양보다도 많다. 다른 종의 친구들은 한 푼이라도 아끼며 알뜰살뜰 살림을 꾸려 가지만 오리나무는 양분을 물 쓰듯 펑펑 쓴다. 서양물푸레나무와 덧나무도 비슷하다. 초록색 그대로 잎을 던져 버리기 때문에 숲의 아름다운 가을 풍경에는 거의 일조하는 바가 없다. 잎의 색깔을 바꾸는 것들은 근검절약하는 알뜰족들이기 때문이다. 하긴 엄밀히 따지면 이것도 완전히 맞는 말은 아니다. 노랑, 주황, 빨강은 엽록소가 빠지면서 나타나는 색깔이지만 이런 카로티노이드와 안토시안 역시도 분해가 된다. 그래서 신중하기 이를 데 없는 참나무는 양분을 남김없이 알뜰하게 다 저장한 후에 갈색 잎만 내다 버린다. 너도밤나무는 갈색에서 노랑까지 다양한 색깔의 잎을 떨구고 벚나무과 종들은 빨간 잎을 만든다.

여기까지 쓰고 보니 계모처럼 침엽수만 너무 구박했다는 생각이 든다. 이번에는 침엽수도 한번 살펴보자. 침엽수 역시 활엽수처럼 잎을 버리는 종이 있다. 낙엽송이 대표적이다. 다른 침엽수들은 안 그러는데 왜 유독 낙엽송만 낙엽을 만들까? 그 이유는 나도 모른다. 아마도 진화 과정을 거치면서 아직 겨울을 나는 최고의 방법을 결정하지 못한 것 같다. 잎을 그대로 간직하고 있으면 봄에 달리기를 시작할 때 유리하다. 힘들여 잎을 다시 만들지 않아도 곧바로 광합성을 시작할 수 있으니 말이다. 하지만 실제로는 잎이 말라서 죽는 경우가 적지 않다. 수관은 강렬해진 햇빛을 받아 광합성을 시작했지만 땅은 아직 얼어 물이 올라오지 않기 때문이다. 특히 작년에 난 침엽들은 아직 두꺼운 왁스층이 없기 때문에 위험을 예상해도 증발을 막을 수가 없어 축 늘어지고 만다.

가문비나무, 소나무, 전나무, 더글러스 소나무도 잎을 교체한다. 배설을 해야 하기 때문이다. 보통은 훼손되었거나 거의 제 기능을 하지 못하는 늙은 잎들을 떨어뜨린다. 특히 소나무는 잎의 4분의 1 정도를 내다 버리기 때문에 겨울에는 털 뽑힌 닭처럼 보기가 영 안 좋다. 하지만 이듬해 봄이 되어 새잎이 돋아나면 다시 수관이 건강해 보인다. 그래도 전나무는 10년, 가문비나무는 6년, 소나무는 3년 동안 잎을 고이 간직한다.

시간 감각

우리는 가을에 낙엽이 지고 봄에 싹이 돋는 것이 너무나 자연스러운 현상이라고 생각한다. 하지만 조금 더 자세히 들여다보면 이 일은 엄청난 기적이 아닐 수 없다. 그러자면 나무에게 꼭 필요한 것이 있기 때문이다. 바로 시간 감각이다. 겨울이 올 것이라는 것을, 혹은 오르기 시작한 기온이 짧은 막간극이 아니라 봄의 전령이라는 것을 나무는 과연 어떻게 알 수 있을까?

날씨가 따뜻해지면 싹이 돋아나는 것은 지극히 논리적이다. 얼었던 나무줄기의 물이 녹아 다시 흐르기 시작한다. 하지만 싹은 우리 예상과 달리 지난겨울이 추웠을수록 더 빨리 세상

구경을 한다. 뮌헨 공과대학Technische Universität München 학자들이 기후 실험실에서 테스트하여 알아낸 사실이다.[41] 겨울이 따뜻할수록 너도밤나무 가지의 싹은 늦게 고개를 내밀었다. 언뜻 생각하면 논리에 맞지 않는다. 다른 식물, 예를 들어 잡초는 날씨가 따뜻해지면 1월에도 벌써 활동을 시작하고, 심한 경우 꽃을 피워 뉴스에 등장하기도 한다. 나무는 잡초와 달리 기온이 많이 떨어져 충분한 겨울잠으로 휴식을 취하지 못하면 봄에 기운이 없어서 제대로 일을 못하는 것일까? 어쨌거나 지구 온난화의 시대에 걱정스러운 소식이 아닐 수 없다. 나무보다는 지치지 않고 새싹을 빨리 만드는 다른 종들이 훨씬 유리해질 테니 말이다.

1월이나 2월에 갑자기 며칠 동안 날씨가 푸근한 날이 있다. 그래도 너도밤나무와 참나무는 싹을 틔우지 않는다. 아직 때가 아니라는 것을 나무들은 어떻게 아는 것일까? 적어도 유실수들의 행동 방식에 대해선 조금이나마 궁금증이 풀렸다. 유실수들이 숫자를 셀 수 있다는 것을 알게 되었으니 말이다. 유실수들은 따뜻한 날이 일정한 숫자를 넘겨야 상황을 믿고 봄이 왔다는 확신을 품는다.[42] 며칠 따뜻한 것으로는 아직 봄이라고 단정 지을 수가 없는 것이다.

잎을 떨어뜨리고 새로 피우는 일은 온도하고만 관련이 있는 것이 아니다. 낮의 길이에도 크게 좌우된다. 예를 들어 너도밤나무는 최소 열세 시간 동안은 훤해야 활동을 재개한다. 그러자면 시력이 있어야 한다. 다시 말해 나무가 볼 줄 알아야 한다는 말이다. 나무에게 그런 장치가 있을 곳은 당연히 잎밖에 없다. 잎은 일종의 태양 전지가 있어서 빛의 파장을 흡수하기에 최적의 조건이고 실제로 여름 반년 동안엔 빛의 파장을 흡수한다. 하지만 4월엔 아직 나뭇가지에 잎이 매달려 있지 않다. 오늘날까지도 완전히 해명되지는 못한 의문이지만, 아마 싹에게도 그런 능력이 있지 않을까 추정된다. 싹 안에는 고이 접힌 잎들이 숨어 있다. 건조를 막기 위해 바깥쪽은 갈색 비늘로 싸여 있는데 싹이 터져 나올 때 이 비늘을 햇빛에 한번 비추어 보라. 그렇다. 반투명이어서 빛이 비친다. 아마 미미한 빛의 양만으로 충분히 하루의 길이를 감지할 수 있을 것이다. 우리네 밭에 피는 잡초의 씨앗들도 그렇다. 그놈들은 은은한 달빛만 비추어도 싹을 틔운다. 나무의 줄기 역시 빛을 감지할 수 있다. 대부분의 나무 종은 껍질에 아주 작은 싹들이 숨어 잠자고 있다. 이웃 나무가 죽거나 쓰러지면 더 많은 빛이 비쳐 들고 그럼 나무는 많아진 빛을 활용하기 위해 이 싹들을 피워 낸다.

며칠의 따뜻한 날씨가 늦여름이 아니라 봄이라는 것을 나무는 어떻게 알까? 올바른 반응을 불러오는 것은 낮의 길이와 기온의 결합이다. 상승하는 기온은 봄이고 떨어지는 기온은 가을이다. 나무는 그것을 감지할 수 있다. 북반구의 참나무나 너도밤나무를 계절이 정반대인 남반구에 갖다 심어도 잘 적응하는 것은 바로 그래서다. 이로써 나무의 또 다른 능력이 입증되는 바, 나무에게는 틀림없이 기억력이 있다. 그렇지 않다면 하루의 길이를 어떻게 비교할 것이며 따뜻한 날이 며칠이나 계속되는지 어떻게 셀 수 있겠는가?

그래서 가을 기온이 특별히 높은 해엔 나무의 시간 감각도 엉망진창이 된다. 9월에 싹이 나고, 심지어 잎이 활짝 돋아나는 나무들도 있다. 그렇지만 그렇게 덜렁대다가는 꼭 크게 한 방 먹고 만다. 늦은 추위가 곧 밀어닥칠 테니 말이다. 새로 자란 가지의 조직은 목질화하지 못하고 잎은 무방비다. 그래서 겨우 만든 새잎들이 모조리 얼어 버린다. 이듬해 봄에 피워 낼 싹과 잎을 잃었으니 다시 힘들여 대용품을 만들어야 한다. 이렇듯 신중하지 못하면 에너지를 낭비하게 되고, 새봄맞이 채비도 허술할 수밖에 없다.

나무의 시간 감각은 잎을 위해서만 필요한 것이 아니다. 자손을 보기 위해서도 시간 감각은 아주 중요하다. 가을에 땅에 떨어진 씨앗은 곧바로 발아를 하지 않는다. 그랬다가는 두 가지 문제가 발생한다. 첫째, 여린 아기 나무가 목질화할 수 없다. 다시 말해 겨울을 날 만큼 단단하고 견고하지 못하여 얼어 죽게 된다. 둘째, 추운 겨울에는 노루와 사슴도 먹을 것이 없다. 부드러운 초록 잎을 본다면 아마 환장하고 달려들 것이다. 그러니 다른 식물 종들과 함께 가만히 있다가 봄에 같이 싹을 틔우는 것이 좋을 것이다. 그를 위해 씨앗은 추위를 감지할 줄 알아야 한다. 살을 에는 추위가 물러가고 따뜻한 날이 연일 계속되면 아기 나무는 껍질을 벗고 밖으로 나온다. 하지만 언제 나가야 할까 머리를 쥐어짜며 고민할 필요는 없다. 너도밤나무 열매와 도토리는 어치나 다람쥐가 땅속 깊이 묻어 둔다. 그곳 아래는 진짜 봄이 되어야 겨우 따뜻해진다. 그러니 따뜻해지면 무조건 안심하고 밖으로 나가도 된다. 하지만 자작나무 씨앗처럼 가벼운 것들은 조금 더 주의를 기울여야 한다. 작은 날개를 달고 땅 위에 살포시 떨어져 거기서 겨울을 나야 하기 때문이다. 어디에 떨어지느냐에 따라 쨍쨍한 햇빛을 견뎌야 할 수도 있다. 따라서 엄마와 마찬가지로 올바른 낮의 길이를 체크해야 하고, 때가 아니면 참고 기다릴 줄도 알아야 한다.

성격의 문제

내 고향 마을 휨멜에서 아어Ahr 계곡의 이웃 도시로 가는 국도변에 참나무 세 그루가 서 있다. 주변이 온통 밭이라 이 훤칠한 나무들은 어디서 보아도 눈에 확 띈다. 셋이 워낙 엉겨 붙어 있어서 100년을 넘긴 나무줄기들의 간격이 불과 몇 센티미터밖에 안 된다. 덕분에 내겐 아주 유익한 관찰 대상이다. 세 나무의 주변 환경이 동일하기 때문이다. 땅, 물, 지역의 미기후, 이 모두가 1미터 이내에선 차이가 없다. 그러니 이런 상황에서 참나무들이 다른 행동을 한다면 그것은 오직 각자의 다른 성격 때문이다. 놀랍게도 이 셋은 다른 행동을 한다. 겨울에 잎이 다 떨어지거나 여름에 잎이 무성할 때는 차를 타고 지나가는 사람들이 이 나무들이 세 그루인지 알아채지 못한다. 수관이 서로 뒤엉켜 커다란 반구를 형성하고 있기 때문이다. 다닥다닥 붙은 줄기들도 마치 잘라 낸 자리에서 다시 자란 줄기들처럼 한 뿌리에서 나온 것 같다. 하지만 가을이 되면 이들 삼형제의 협동심에 살짝 금이 간다. 오른쪽 참나무는 이미 물이 들었는데 중간 것과 왼쪽 것은 아직 짙푸른 초록이다. 그로부터 2주쯤 지나야 중간 것과 왼쪽 것도 겨울잠에 들어간다. 서 있는 장소가 같은데 왜 이 셋은 다른 행동을 하는 것일까? 나무가 언제 잎을 버리느냐는 실제 성격에 좌우된다. 앞 장에서도 설명했듯 모든 나무가 반드시 잎을 버리기는 한다. 하지만 언제가 올바른 시점일까? 나무는 다가오는 겨울을 예상할 수 없다. 얼마나 혹한일지, 아니면 온화한 겨울이 될지 알지 못한다. 줄어드는 낮의 길이와 떨어지는 기온밖에 감지하지 못한다. 그런데 가끔씩 가을인데도 늦여름처럼 뜨거운 공기가 밀려올 때가 있다. 그럴 때면 이 세 그루 참나무들은 진퇴양난에 빠진다. 온화한 기온을 이용하여 광합성을 조금 더 해서 당분을 조금이나마 더 저장할 것인가? 아니면 추위가 갑자기 몰려올지도 모르니 안전을 기해 얼른 잎을 던지고 겨울잠에 들 것인가? 이때 셋이 내리는 결정이 각기 다른 것 같다. 오른쪽 나무는 친구들보다 겁이 많다. 긍정적으로 표현해 더 합리적이다. 욕심 부리다가 잎을 미처 버리지도 못하고 얼어 버리면 겨울 내내 생사의 갈림길에서 마음을 졸여야 한다. 그럼 조금 더 비축한 영양분이 다 무슨 소용이겠는가? 그러니 적절한 시점에 광합성을 멈추고 꿈의 왕국으로 가는 것이 옳다. 남은 두 참나무는 조금 더 용기가 있다. 이듬해 봄에 무슨 일이 생길지 어떻게 알겠는가? 갑자기 곤충들이 습격을 할 수도 있다. 그러니 조금 더 초록을 유지하면서 껍질과 뿌리의 탱크를 끝까지 다 채워야 한다. 지금까지는 그들의 판단이 옳았다. 하지만 앞으로도 그럴지는 아무도 장담하지 못한다. 온난화의 영향으로 높은 가을 기온이 오래 지속된다. 그래서 나무들이 심할 때는 11월까지도 잎을 떨어내지 않고 위험한 게임을 한다. 하지만 가을 폭풍은 예나 지금이나 정확히 10월이면 시작되고 따라서 잎을 가득 매단 채 나무가 쓰러질 위험도 높아만 간다. 내 생각에는 앞으로는 신중한 나무가 더 생존 확률이 높을 것 같다.

활엽수의 줄기에서도 비슷한 현상이 목격된다. 침엽수 중에서는 예외적으로 실버 전나무가 그렇다. 나무의 에티켓대로 하자면 줄기는 길고 매끈해야 한다. 그러니까 아래쪽 줄기에는 가지가 전혀 없어야 한다. 그것이 나무에게도 유익하다. 어차피 아래쪽엔 빛이 부족하기 때문이다. 빛이 닿지도 않는 곳에

괜히 양분만 잡아먹는 불필요한 신체 부위를 만들 이유가 없다. 우리의 근육도 마찬가지다. 쓰지 않는 근육은 칼로리를 절약하는 차원에서 점점 작아진다. 하지만 나무는 직접 팔을 걷어붙이고 달려가 자기 몸의 가지를 제거할 수 없으니 그냥 말라 죽게 내버려 둔다. 뒷일은 죽은 나무에 붙은 균류가 알아서 처리해 준다. 때가 되면 가지는 썩어 떨어질 것이고 땅에서 서서히 부식토가 되어 재활용될 것이다. 그런데 가지가 부러진 자리가 문제다. 떨어진 껍질층으로 균류가 침범해 줄기까지 파먹어 들어갈지도 모를 일이기 때문이다. 가지가 너무 굵지 않으면 (최대 3센티미터까지는) 몇 년만 지나도 상처가 아문다. 나무가 안에서 이 부위를 다시 물로 적셔 곰팡이를 죽인다. 하지만 가지가 너무 굵으면 시간이 아주 많이 걸린다. 상처는 몇십 년 가도 아물지 못하고, 그 틈으로 침략한 균류가 목질 저 깊은 곳까지 밀고 들어갈 수 있다. 줄기가 썩을 것이고, 그렇지는 않더라도 나무의 건강에 해가 될 것이다. 나무의 에티켓이 줄기 아래쪽에는 가는 가지만 두라고 정한 이유도 바로 이 때문이다. 성장 과정에서 일단 한번 부러진 가지는 어떤 상황에서도 다시 만들어서는 안 된다. 하지만 절대로 하지 말라는 바로 그 짓을 하는 나무들이 있다. 옆 자리 동료가 쓰러져서 갑자기 많아진 빛을 줄기 아래쪽에 가지를 만드는 데 이용하는 것이다. 그

것이 자라 굵은 가지가 되면 처음에는 이로운 점도 없지 않다. 광합성을 할 수 있는 기회를 두 배로, 즉 수관과 줄기 두 곳에서 동시에 활용할 수 있을 테니 말이다. 하지만 20년쯤 세월이 흐른 어느 날 주변 나무들이 열심히 수관의 가지를 뻗어 그 빈 틈이 다시 닫히는 날이 온다. 숲의 아래쪽은 다시 어둠에 잠기고 줄기 아래쪽에 매달린 굵은 가지들은 빛을 보지 못해 서서히 죽게 된다. 결국 빛을 향한 탐욕은 톡톡한 대가를 치르게 된다. 앞에서 설명한 대로 욕심을 부리다 가지를 잃은 나무의 줄기 속으로 균류가 밀고 들어와 나무의 생명을 위협할 테니 말이다. 그런 행동은 실제로 개별적이고, 따라서 성격의 문제다. 다음번에 숲에 가거든 직접 확인해 보라. 나무를 베어 낸 작은 빈터를 둘러싼 나무들을 한번 살펴보라. 어리석은 짓을 저지를 조건은 완벽하다. 밀려드는 빛의 유혹에 굴복하여 줄기에 새 가지를 만들 수 있다. 하지만 그런 유혹에 넘어간 나무는 몇 그루 안 된다. 나머지는 꿋꿋하게 유혹을 이기고 매끄러운 줄기의 자태를 뽐낼 것이다.

병든 나무

통계적으로 볼 때 대부분의 나무 종은 아주 고령이 될 때까지 살 가능성이 있다. 내 관리 구역의 수목장 장지를 찾는 고객들은 하나같이 어느 나무가 얼마나 오래 살 수 있을지 묻는다. 그래서 그들이 선택하는 나무는 대부분 너도밤나무나 참나무다. 그것들의 평균 수명은 현재 알려진 바로 400~500살이다. 하지만 통계가 각 나무의 삶에 대해 무엇을 말해 줄 수 있을까? 우리 인간의 일도 마찬가지다. 통계는 통계일 뿐이다. 뻔해 보이던 나무의 길이 어느 날 갑자기 엉뚱한 방향으로 구부러지는 이유는 실로 수만 가지다. 나무의 건강 상태는 숲 생태계가 얼마나 건강한가에 달려 있다. 온도, 습도, 빛이 급변해서는 안 된다. 나무의 반응 속도가 매우 느리기 때문이다. 하지만 이 모든 외부 상황이 최적이어도 곤충, 균류, 박테리아, 바이러스가 기회를 노리며 공격 개시의 그날을 기다린다. 근본적으로 이들의 공격은 나무가 균형을 잃었을 경우에만 성공할 수 있다. 평소엔 나무가 힘을 잘 안배한다. 힘의 대부분은 일상생활에 투자한다. 호흡을 하고 양분을 '소화'하고 균류 친구들에게 당분을 공급하고 매일 조금씩 성장하고, 해충의 공격에 대비하여 약간의 양분을 비축해 둔다. 이 비축분은 언제라도 불러 쓸 수 있고, 나무 종에 따라 일련의 방어 물질을 함유하고 있다. 그것이 소위 항생 작용을 한다는 피톤치드다. 이와 관련해서는 재미난 실험 결과가 있다. 생물학자 보리스 토킨Boris Tokin은 이미 1956년에 원생생물이 든 물 한 방울에 가문비나무나 소나무의 잎을 갈아 한 방울 떨어뜨리면 1초도 되지 않아 원생생물이 죽는다는 실험 결과를 발표하였다. 또 그는 어린 소나무 숲의 공기가 이들 침엽수에서 흘러나온 피톤치드 때문에 거의 무균 상태라는 사실도 밝혀냈다.[43] 나무들이 주변 환경을 완벽하게 살균할 수 있는 것이다. 그게 다가 아니다. 호두나무 잎에 함유된 물질은 곤충을 죽인다. 그 효과가 얼마나 대단한지 정원을 꾸미려는 사람들은 다들 이런 충고를 듣는다. 정원 호젓한 곳에 벤치를 하나 놓고 싶거든 호두나무 아래에다 두라고. 그곳에 벤치를 두면 모기에게 물릴 확률이 가장 적다고. 침엽수의 피톤치드는 누구나 쉽게 냄새를 맡을 수 있다. 특히 뜨거운 여름날엔 피톤치드의 냄새가 강해지기 때문에 숲에 들어가면 좋은 향기가 나는 것이다.

성장과 방어, 이 두 가지를 세심하게 조율하던 균형이 깨어지면 나무는 병이 들기 쉽다. 이웃 나무의 죽음이 대표적인 원인이다. 갑자기 수관으로 많은 빛이 쏟아지고 광합성을 더 하고 싶은 욕망이 불끈 솟구친다. 100년에 한 번 올까 말까 한 기회인 만큼 놓치고 싶지 않은 마음이 당연하다. 갑자기 햇살에 잠긴 나무는 만사를 제쳐 두고 오로지 가지의 성장에 주력한다. 그게 또 맞는 결정이다. 주변 친구들도 똑같이 가지를 키우기 때문에 불과 20년 후면 다시 빛의 창이 닫히고 만다. 가지는 쑥쑥 자라 1년에 몇 밀리미터 자라던 것이 최고 50센티미터까지 늘어난다. 그러자면 당연히 힘이 들어가고, 그로 인해 질병과 기생충을 방어할 에너지가 남지 않는다. 다행히 운이 좋아 만사가 잘 풀리면 수관이 꽤 커진 상태에서 빛의 창이 무사히 닫힐 것이다. 그럼 휴식을 취하면서 다시 예전처럼 힘의 균형에 힘쓰면 된다. 하지만 오호통재라! 성장의 도취에 빠져 균형을 망각한 사이 삐끗해 일이 터진다. 동강난 잔가지에 몰래 달라붙은 균류가 그 죽은 가지를 타고 줄기 안으로 들어가거나, 나무좀 한 마리가 우연히 나무를 깨물었다가 아무 반응도 없는 것을 보고 신나게 공격을 개시한다. 그럼 이미 사태는 걷잡을 수 없이 커진다. 겉보기에는 건강미가 철철 넘치지만 나무의 줄기는 서서히 파먹혀 들어간다. 방어 물질을 동원할 에너지가 부족하기 때문이다. 수관에서 먼저 반응이 나타난다. 활엽수의 경우 싱싱하던 제일 위쪽 가지들이 갑자기 죽어 버리는 통에 잔가지를 매달지 못한 굵은 가지 토막들만 공중으로 삐쭉 솟아 있다. 침엽수들은 나무에 달린 침엽의 수명이 줄어든다. 평소 같으면 3년 동안 매달려 있던 소나무의 잎들이 1~2년 만에 우수수 떨어져 버려서 수관이 눈에 띄게 휑하다. 가문비나무의 경우는 그것도 모자라 큰 가지에 매달린 잔가지들이 크리스마스 장식처럼 힘없이 축 늘어진다. 그리고 얼마 못 가 줄기가 파열되면서 큰 면적의 껍질이 뜯겨 나간다. 여기까지 진행되면 그다음부터는 일사천리다. 죽은 가지들이 겨울 폭풍에 부러져 날아가 버리기 때문에 바람 빠진 애드벌룬처럼 수관이 서서히 아래로 가라앉는다. 가문비나무의 경우 그런 과정을 눈으로도 확인할 수 있다. 말라 버린 가장 위쪽 꼭대기가 아직 생기 있는 아래쪽 푸른 잎과 확연히 대조를 이루기 때문이다.

산 나무는 해마다 나이테를 만든다. 살아 있는 한 성장을 할 수밖에 없기 때문이다. 껍질과 목질 사이의 얇은 층인 형성층은 생장 기간 동안 안으로는 새 목질 세포를, 밖으로는 새 껍질 세포를 만들어 낸다. 그래서 더 이상 부피를 키울 수 없는 나무는 죽는다. 그동안은 모두가 그렇게 생각해 왔다. 그런데 스위스의 학자들이 특이한 소나무 몇 그루를 발견했다. 겉보기엔 건강하여 초록의 침엽을 반짝였다. 그런데 나무를 베거나 구멍을 뚫어 자세히 조사해 봤더니 놀랍게도 30년 이상 나이테를 전혀 만들지 않았다.[44] 초록 잎을 반짝이는 죽은 나무? 그 나무들은 공격적인 균류인 뿌리버섯Heterobasidion annosum에 감염되어 형성층이 죽어 버린 상태였다. 그럼에도 뿌리는 계속 줄기를 통해 수관으로 물을 펌프질하여 잎들에게 생명에 꼭 필요한 수분을 공급하였다. 그럼 뿌리는? 형성층이 죽으면 껍질도 죽는다. 잎의 당분이 아래로 내려올 수 없다는 소리다. 아마 그 나무를 살린 이는 죽어 가는 친구를 도와주어 친구의 뿌리에 영양을 공급한 이웃의 건강한 소나무들이었을 것이다. 이에 대해선 앞서 '우정' 장에서도 소개한 바 있다.

병에 걸리지는 않더라도 살다 보면 이런저런 부상을 당할 수 있다. 몇 가지 원인이 있겠지만 대표적인 것이 쓰러지는 이웃 나무에 부딪히는 경우다. 빽빽한 숲에서 한 그루 나무가 쓰러지면 어쩔 수 없이 둘레의 친구들이 다치게 된다. 겨울에는 상대적으로 껍질이 건조하여 목질에 딱 붙어 있기 때문에 그런 일이 일어나도 큰 문제가 되지 않는다. 대부분은 잔가지 몇 개 부러지는 정도에서 끝나고, 그 정도면 몇 년 안에 원상 복구가 가능하다. 그와 달리 줄기에 난 상처는 훨씬 치명적이고, 이런 상처는 주로 여름에 발생한다. 목질과 껍질 사이의 얇은 성장층인 형성층이 물이 가득하여 투명하고 미끈미끈하다. 이럴 땐 작은 벌레 한 마리가 입힌 상처도 치명적이다. 껍질이 쉽게 벗겨지니까 말이다. 이웃 친구가 쓰러지면서 스치듯 지나가 남긴 생채기 하나도 몇 미터 크기의 상처로 커질 수 있다. 아야! 아야! 젖은 목질은 균류의 포자가 안착하기에 이상적인 장소다. 불과 몇 분 안에 밀고 들어와 자리를 잡는다. 이것들이 자라 균사체가 되고, 균사체는 즉각 목질과 양분을 먹어 치운다. 하지만 아직은 마음먹은 대로 척척 앞으로 나아갈 수는 없다. 목질에 물이 너무 많기 때문이다. 아무리 습기를 좋아하는 균류지만 뚝뚝 떨어지는 물 앞에선 버텨 내지 못한다. 줄기 내부로 들어가려는 균류는 일단 바깥의 축축한 변재*에 막혀 주춤한다. 그런데 이 변재가 벌어지면 바깥 부분이 건조해질 수 있다. 그렇게 되면 아주 느린 속도지만 균류와 나무의 생사를 건 경주

* 살아 있는 세포와 전분 같은 저장 물질을 포함하고 있는 수간의 바깥 부분. 중심 부분은 심재라고 하고 색깔이 짙지만 변재는 색깔이 열다.

가 시작된다. 균류는 변재가 습기를 잃는 만큼 앞으로 나아가고, 반면 나무는 상처를 아물게 하려고 안간힘을 쓴다. 상처 가장자리의 조직이 속력을 내기 시작하여 특별히 빠른 속도로 성장한다. 그렇게 나무는 해마다 최고 1센티미터 너비까지 상처 부위를 덮을 수 있고, 늦어도 5년이면 상처는 완전히 아문다. 새 껍질이 옛 상처를 뒤덮으면 나무는 손상된 목질을 다시 안에서부터 물로 적셔 균류를 죽인다. 그런데 균류가 변재를 지나 심재로 침투한다면 이미 때는 늦었다. 활동이 멎은 이 부위가 더 건조해질 것이고, 당연히 침략자들의 신나는 놀이터가 될 것이므로 나무도 더 이상 대응을 하지 못할 것이다. 나무의 기회는 상처 부위의 면적에 달려 있다. 크기가 3센티미터를 넘어서면 위험하다. 하지만 균류가 승리를 거두어 나무 저 안쪽에서 밀고 들어가 유유자적 산책을 한다 해도 아직 아주 가망이 없지는 않다. 균류는 거칠 것 없이 목질을 향해 달려들 테지만 아무리 서둘러도 균류가 목질을 전부 다 파먹어 흙으로 만들기까지 족히 100년은 걸릴 테니까 말이다. 따라서 나무는 균류가 먹거나 말거나 별 동요를 보이지 않는다. 어차피 변재의 바깥쪽 젖은 나이테 속으로는 균류가 퍼져 나갈 수 없다. 극단적인 경우 나무의 속이 강철관처럼 텅 빈다. 그렇지만 강철관처럼 견고성은 변함이 없다. 그러니 썩은 나무를 보더라도 너무 안타까워할 필요는 없다. 나무가 통증을 참고 견뎌야 하는 것은 아니니까 말이다. 그 이유는 보통 제일 안쪽의 목질은 이미 활동을 중지했기 때문에 산 세포가 들어 있지 않고, 아직 활동 중인 바깥쪽의 나이테는 물을 줄기로 통과시키기 때문에 균류가 달려들기엔 너무 축축하다.

줄기의 상처가 무사히 아물면 나무는 상처를 입지 않은 친구와 마찬가지로 오래오래 살 수 있다. 하지만 때로, 심하게 추운 겨울에 묵은 상처가 다시 불거진다. 총소리 같은 요란한 굉음이 숲을 진동하고 줄기가 상처 라인을 따라 다시 파열된다. 원인은 언 목질의 장력* 차이다. 그런 아픈 과거를 가진 나무의 경우 목질이 매우 불균형하게 쌓이기 때문이다.

---

* 물체 내의 한 점에서 임의의 평면을 생각할 때, 이 평면의 양측 부분이 서로 당겨져 떨어지도록 하는 힘의 작용을 말한다. 압력에 대응한 말이다.

빛이 있으라

햇빛에 대해서는 이미 앞에서 여러 차례 언급을 했다. 숲에서 햇빛은 정말로 중요한 요인이다. 하지만 대부분의 사람들은 그 말을 듣고도 그러려니 한다. 나무는 식물이고 생존하려면 광합성을 해야 하니까. 우리 집 정원에선 항상 넉넉한 햇살이 화단과 잔디밭을 비추기 때문에 물이나 땅의 양분이 식물 성장에 더 중요하다. 그래서 우리는 빛이 이 두 요인보다 훨씬 더 중요하다는 생각을 미처 하지 못한다. 그리고 사람이란 자기 입장에서 남을 보기 마련이어서 자연의 숲에선 우선순위가 다를 수 있다는 사실을 간과하게 된다. 숲에선 한 줄기 빛도 투쟁의 대상이다. 모든 종이 조금이라도 에너지를 얻기 위해 자신의 특수 상황을 최대한 이용한다. 제일 위층, 사령관들 층에선 아름드리 너도밤나무, 전나무, 가문비나무가 떡 버티고 서서 쏟아지는 햇빛의 97퍼센트를 꿀꺽 삼킨다. 인정머리 없고 잔혹하지만 솔직히 어느 생물종인들 자신에게 주어지는 것을 마다하겠는가? 햇빛을 두고 벌어지는 이 식물 나라의 경주에서 나무가 승리를 거둔 이유는 단 하나, 긴 줄기를 만들 수 있기 때문이다. 길고 튼실한 줄기는 아주 오래 사는 식물만이 만들 수가 있다. 목질에는 엄청난 양의 에너지가 저장되어 있기 때문이다. 어른 너도밤나무의 줄기가 성장을 위해 필요로 하는 당분과 셀룰로오스는 1만 제곱미터 면적의 밀밭에서 수확되는 밀의 당분과 셀룰로오스와 맞먹는다. 그리고 당연히 불과 1년 안에 그런 거대한 덩치의 식물이 될 수는 없다. 적어도 150년은 걸려야 아름드리나무로 우뚝 설 수 있다. 하지만 일단 그 정도로 자라고 나면 다른 나무 친구들 말고는 근접할 식물이 거의 없으므로 여생을 걱정 없이 편안하게 살 수 있다. 자기 자식들도 남은 빛으로 만족하며 엄마가 주는 젖으로 목숨을 부지할 것이다. 하지만 나머지 졸병들의 처지는 그렇게 호락호락하지가 않기에 뭔가 색다른 아이디어로 부지런히 생존 대책을 모색해야 한다. 봄에 남들보다 빨리 꽃을 피우는 봄의 전령들을 예로 들어 보자. 4월이 되면 활엽수 고목 아래 갈색 땅에 하얀 꽃의 물결이 출렁인다. 숲에 마법을 불러온 주인공은 숲바람꽃Anemone nemorosa이다. 가끔씩 노란 꽃이나 보라색 꽃이 섞여 피는데, 그것은 노루귀바람꽃Anemone hepatica이다. 노루귀바람꽃은 옹고집 식물이다. 한번 터를 잡으면 절대 이사를 안 가려고 하는 데다 씨를 통한 번식도 아주 느린 속도로 진행된다. 따라서 이 봄의 전령들은 수백 년 역사를 자랑하는 활엽수 숲에서만 볼 수 있는 귀한 식물이다.

이놈들은 화려한 꽃을 피우는 데 정말로 사력을 다하는 것 같다. 왜 이런 에너지 낭비를 감수하는 것일까? 이유는 작디작은 시간의 창이다. 3월부터 봄의 햇살이 따스하게 비추어도 활엽수들은 아직 겨울잠에 혼곤히 빠져 있다. 활엽수가 깨어나는 5월 초까지 이 꽃들은 휑한 나뭇가지 사이로 비쳐 드는 햇살을 활용하여 다음 해 먹고 살 탄수화물을 부지런히 생산하고, 열심히 뿌리에 저장해야 한다. 그것만 해도 벅찬데 번식까지 해야 한다. 이 모든 것을 1~2개월 안에 다 끝마친다니, 실로 기적이 아닐 수 없다. 나무들이 싹을 틔우면 숲은 금방 다시 어둠에 잠길 것이고 꽃들은 10개월 동안 강제 휴식에 돌입할 수밖에 없다. 그러니 부지런히 움직여야 한다.

앞에서 나는 나무에 근접할 식물이 거의 없을 것이라고 말했다. 여기서 방점은 '거의'에 찍힌다. 실제로 수관까지 기어 올라오는 식물이 있기 때문이다. 담쟁이가 대표적인 후보다. 담쟁이 씨앗이 빛을 좋아하는 양수 종 나무의 발치에 떨어진다. 그러니까 소나무나 참나무처럼 햇빛을 아까운 줄 모르고 질질 흘리는 통에 사용되지 않은 빛을 땅까지 보내 주는 그런 나무 말이다. 나무 아래 떨어진 담쟁이는 일단 양탄자처럼 널찍하게 바닥을 점령한다. 그러다 문득 어느 날 한 가지가 줄기를 타고 기어오르기 시작하는데 덩굴손이 변한 붙음뿌리가 달려 있어 나무껍질을 단단히 붙잡을 수 있다. 그렇게 수십 년을 위로 위로 올라가다 보면 언젠가는 나무의 수관에까지 닿을 것이고 거기서 담쟁이는 수백 년을 살 수 있다. 물론 그런 고령의 담쟁이는 나무보다는 바위나 성벽에서 더 많이 발견된다. 전문 서적을 보면 담쟁이는 나무에게 해를 입히지 않는다고 쓰여 있지만 우리 집 나무들을 관찰한 결과는 그렇지가 않다. 특히 잎을 만들기 위해 빛이 많이 필요한 소나무의 경우 꼭대기에서 떡 버티고 있는 경쟁자가 마음에 들 리 없다. 차츰차츰 가지가 죽으면서 나무의 건강이 생명을 잃을 정도로 심하게 나빠질 수 있다. 나무의 몸통을 빙빙 감아 저도 나무 굵기만큼 자랄 수 있는 담쟁이의 줄기 역시 우리 몸을 칭칭 감은 뱀처럼 소나무와 참나무에게 큰 부담이 된다. 붉은인동Lonicera periclymenum의 경우 담쟁이보다 더 확실히 교살의 효과를 관찰할 수 있다. 백합 같은 예쁜 꽃을 매단 이 식물은 주로 어린 나무를 타고 올라간다. 그런데 어찌나 사랑이 격한지 줄기를 있는 힘껏 끌어안는 통에 나무에 용수철 형태의 졸린 흔적이 남는다. 그렇게 이상한 모양으로 자란 나무는 앞에서도 말했던 특이한 모양의 지팡이나 만들어 팔면 모를까 별 소용이 없다. 그냥 놔둬도 어차피 자연 상태에선 수명이 길지도 못하다. 성장이 억제되어 친구들보다 훨씬 뒤처질 테니 말이다. 설사 열심히 노력하여 친구들만큼 자란다고 해도 언젠가 폭풍이 뒤틀린 줄기 부분을 강타하면 쉽게 부러지고 만다.

겨우살이는 꼭대기까지 기어 올라가는 이 지난한 과정을 한꺼번에 싹둑 생략한 식물이다. 끈적거리는 씨앗이 개똥지빠귀에게 붙어 있다가 그 새가 나무의 수관에 대고 부리를 갈 때 얼른 나뭇가지로 옮아가 성장을 시작한다. 그런데 땅과 전혀 접촉하지 않은 상태로 그 높은 곳에서 어떻게 물과 양분을 마련할까? 걱정할 필요 없다. 수분도, 양분도 나무가 가득 품고 있으니까. 겨우살이는 자리 잡은 나뭇가지에 뿌리를 내리고 필요한 양분과 물을 쭉쭉 빨아들인다. 그나마 광합성은 직접 하기 때문에 숙주 나무에게서는 물과 무기질'만' 슬쩍한다. 따라서 학자들은 이것을 반기생식물이라 부른다. 하지만 당하는 나무의 입장에선 반기생이든 온기생이든 다를 것이 별로 없다. 세월이 가면서 겨우살이가 점점 더 수관을 점령해 나갈 것이기 때문이다. 활엽수의 경우 겨울에는 눈으로도 확인이 가능하다. 온통 기생식물로 뒤덮인 나무들이 적지 않고, 그 정도 수준이면 나무의 생명도 위태롭다. 계속되는 사혈은 나무의 기력을 떨어뜨리고, 게다가 점점 더 나무를 뒤덮어 빛을 앗아 간다. 그것으로도 성에 안 차는지 겨우살이의 뿌리는 목질의 조직까지 괴롭힌다. 대부분은 몇 년 후에 그 부위가 부러져서 수관이 작아진다. 아예 견디다 못해 나무가 죽는 경우도 있다.

나무를 그냥 깔개로만 사용하는 식물들도 있다. 바로 이끼다. 많은 종이 아예 뿌리가 없어 그냥 나무껍질에 딱 달라붙어 있다. 빛을 많이 흡수하는 것도 아니고 양분을 쭉쭉 빨아들이는 것도, 땅에서 물을 뽑아 올리는 것도 아니다. 나무한테서 도둑질을 하는 것도 아니다. 그게 가능하냐고? 물론 가능하다. 단, 정말로 대단히 검소하게 살아야 한다. 부드러운 이끼는 이슬이나 안개, 소나기의 물을 받아서 저장한다. 물론 그것으로는 충분하지 않다. 나무들이 우산처럼 비를 가리거나(침엽수), 잔가지를 이용해 물을 곧바로 뿌리로 내려보내기(활엽수) 때문이다. 후자의 경우 대처법은 간단하다. 물이 흘러내리는 줄기에 자리를 잡으면 된다. 그런데 대부분의 나무는 똑바로 서지 않고 약간 비스듬한 자세를 취하고 있다. 그래서 휜 부분의 위쪽에 물이 고여 작은 시내가 생기고, 이끼는 그 물을 맛나게 들이켠다. 휘었다는 말이 나왔으니 한마디 덧붙이자면 이끼를 보고 방향을 가늠하는 것은 잘못이다. 흔히 비바람이 가장 많이 들이치는 서쪽과 북쪽에 이끼가 많이 생긴다고 생각하지만 반드시 그렇지는 않다. 숲 한가운데에선 바람이 세지 않기 때문에 빗물이 거의 수직으로 내린다. 게다가 나무마다 휜 방향이 다르기 때문에 이끼를 보고 방향을 찾다가는 괜히 헷갈리기 쉽다.

껍질이 거칠면 그 작은 틈에 고인 물기가 오래간다. 줄기는 밑에서부터 거칠어져서 나이가 들면서 점점 수관 방향으로 올라간다. 따라서 어린 나무에서는 이끼가 땅에서 불과 몇 센티미터 떨어진 곳에 자리를 잡지만 세월이 흐르면서 무릎까지 올라오는 스타킹을 신은 것처럼 아래 줄기 전체가 이끼에 둘러싸인다. 그래도 나무에겐 아무런 피해가 없다. 이끼가 나무에게서 슬쩍하는 약간의 물은 다시 습기를 배출하여 숲의 기후에 긍정적인 영향을 미치는 것으로 보상을 한다. 그래도 아직 양분의 문제가 남는다. 땅에서 양분을 끌어오지 않는다면 남은 곳은 대기뿐이다. 해마다 숲을 흩날리며 지나가는 먼지의 양은 실로 엄청나다. 어른 나무 한 그루가 빗물을 타고 줄기로 흘러내리는 100킬로그램 이상의 먼지를 여과할 수 있다. 이끼는 그 먼지 섞인 물을 흡수하여 쓸 만한 것을 걸러 낸다. 양분은 그렇게 해결이 되었고, 이제 남은 문제는 빛이다. 비교적 환한 소나무나 참나무 숲에선 별문제가 없지만 늘 어두컴컴한 가문비나무 숲에선 빛이 큰 문제가 된다. 거기선 제아무리 금욕주의자라도 버티기가 힘겹다. 그래서인지 특히 빽빽하게 심은 어린 침엽수 숲에선 좀처럼 이끼를 보기 힘들다. 나무들이 나이가 들면서 수관에 여기저기 틈이 생기고, 그 틈으로 충분한 빛이 바닥까지 스며들 때, 그제야 이끼가 슬며시 찾아온다. 하지만 활엽수인 너도밤나무 숲에선 사정이 좀 다르다. 이곳에선 이끼들이 봄에 잎이 생기기 전까지의 시간과 가을에 잎이 떨어진 후의 시간을 활용할 수 있기 때문이다. 여름엔 너무 어둡지만 이끼는 그 배고픔과 목마름의 시기를 대비하여 철저한 준비를 갖춘다. 어떤 여름엔 몇 달씩 비가 안 내리는 때도 있다. 그럴 때 이끼를 쓰다듬어 보면 바스락 소리가 날 정도로 건조하다. 대부분의 식물 종은 그 정도로 마르면 생명을 잃었다고 봐야 한다. 하지만 이끼는 그렇지 않다. 어느 날 소나기가 힘차게 쏟아지면 이끼는 언제 말랐더냐 하는 표정으로 씩씩하게 물을 빨아들이고, 그렇게 삶은 다시 계속된다.

지의류는 이끼보다 더 자린고비다. 회녹색의 이 작은 식물은 균류와 조류의 공생체다. 정착을 하려면 어디 궁둥이를 들이밀 깔개가 필요한데, 숲에서는 그게 바로 나무다. 이끼와 달리 훨씬 더 높은 곳까지 줄기를 타고 올라가지만 그러잖아도 느리게 성장하는 식물이 나뭇잎에 가려 더욱더 자랄 수가 없다. 그래서 곰팡이인지 헷갈려 보이는 얇은 조각 하나를 껍질에 만드는 데에 무려 몇 년씩 걸리기도 한다. 그것도 모르고 사람들은 그런 조각을 보면 나무가 병이 들지 않았나 걱정을 한다. 괜한 걱정이다. 지의류는 나무에 전혀 해를 주지 않는다. 아마 나무도 전혀 신경 쓰지 않을 것이다.

작은 지의류는 굼벵이처럼 느린 성장 속도를 기나긴 수명으로 보상받는다. 최고령 지의류 중에 수백 살 된 할머니도 있는 걸 보면 지의류는 원시림의 느린 삶에 완벽하게 적응한 생명체가 틀림없다.

거리의 아이들

유럽에 사는 세쿼이아는 왜 키가 크지 않는 것일까? 수령이 150년이나 되었는데도 키가 채 50미터를 넘지 못한다. 세쿼이아의 고향, 예를 들어 북미의 서해안 숲에서 자라는 친구들은 두 배나 더 큰데 말이다. 왜 세쿼이아는 유럽에만 오면 난쟁이가 되어 버리는 것일까? 앞서 소개했던 나무 유치원, 나무 아기들의 느려 터진 성장 속도를 되새겨 본다면 이렇게 말할 수 있을 것이다. 아직 애들이잖아. 애들한테 뭘 기대해. 하지만 (가슴 높이에서 쟀을 때) 2.5미터가 넘는 나무의 직경은 그 대답에 수긍하지 못한다. 그러니까 유럽의 세쿼이아들도 성장은 할 수 있다. 다만 뭔가 잘못된 방향으로 용을 쓰는 것 같아 신경이 쓰인다.

무엇이 문제일까? 힌트는 나무가 있는 장소다. 왕이나 정치인의 이국적인 트로피처럼 뜬금없이 나무를 갖다 심은 곳은 주로 도심의 공원이다. 그런 공원에는 부족한 것이 한둘이 아니지만 무엇보다 숲이 없다. 더 정확하게 말해 친척들이 없다. 앞에서 말한 150살이라는 나이는 나무가 살 수 있는 수천 년의 긴 세월을 생각할 때 아직 꼬맹이 어린아이 나이에 불과하다. 그 아이가 먼 이국땅에서 부모도 없이 혼자 자라고 있다. 삼촌도, 이모도, 친구들이 와글거리는 유치원도 없다. 일생을 오롯이 혼자서 외롭고 쓸쓸하게 목숨을 이어 가야 한다. 공원에 다른 나무 친구들이 많지 않느냐고? 그 친구들은 모여 숲을 이루지 못한다. 또 양부모가 되어 줄 수도 없다. 보통 동시에 같이 심어진 나무들이어서 아기 세쿼이아를 보호해 주지도 못하고 도움을 주지도 못한다. 게다가 종들이 서로 다르다. 달라도 너무 다르다. 세쿼이아를 보리수나 참나무, 너도밤나무한테 기르라고 주는 것은 인간 아기를 쥐나 캥거루, 혹고래한테 맡기는 것과 다를 바 없다. 한마디로 안 된다는 소리다. 그러니 미국에서 건너온 꼬마는 혼자서 이 험한 세상을 헤쳐 나가야 한다. 젖을 주고, 너무 빨리 자라지 못하도록 엄하게 감시하는 엄마도 없다. 바람 없는 촉촉한 숲의 기후도 없다. 있는 것은 고독뿐이다. 그것으로도 모자라 발 딛고 선 땅은 한마디로 재앙이다. 숲은 부드러운 뿌리가 뻗어 나갈 수 있도록 부식토가 풍성하고 항상 촉촉하며 폭신폭신하고 부슬부슬한 고운 흙을 준비해 주지만 공원은 오랜 세월 주거지로 이용되느라 짓눌리고 퍽퍽해진 딱딱한 노지를 들이민다. 게다가 사람들이 나무 곁으로 다가와 껍질을 만지고 나무 그늘에서 휴식을 취한다. 수십 년 동안 이렇게 계속 사람들이 나무 발치를 밟아 대니 그러잖아도 딱딱한 땅이 더 다져진다. 그래서 빗물이 고이지 못해 흘러가 버리기 때문에 겨울에 저장해 둔 물로 여름을 날 수가 없다.

식재 자체도 나무의 삶에 꽤 오랫동안 영향을 미친다. 아기 나무를 최종 장소에 갖다 심기까지 사람들은 몇 년에 걸쳐 사전 준비를 한다. 해마다 가을이 되면 뿌리를 잘라 땅딸막하게 만든다. 그래야 나중에 뽑기가 수월하기 때문이다. 자연의 숲에선 키가 3미터인 나무는 직경이 6미터 정도 되지만 공원에 심을 나무는 이것을 50센티미터로 줄인다. 또 뿌리를 잘라 버렸기 때문에 수관이 굶주리는 것을 막기 위해 수관도 마구 잘라 낸다. 이 모든 조치는 나무의 건강을 생각해서가 아니다. 그저 사람이 다루기 쉬우라고 내리는 조치다. 그 과정에서 두뇌 비슷한 조직 역시 민감한 뿌리 끝과 함께 잘려 나간다. 아야!

아야! 아야! 나무는 방향 감각을 상실한 아이처럼 지하로 파고 들지 못하고 접시처럼 납작한 뿌리를 만든다. 당연히 그 뿌리로 흡수할 수 있는 물과 양분도 지극히 제한적이다.

처음에는 그래도 아기 나무가 새로운 환경에 잘 적응하는 것 같다. 찬란한 햇빛으로 하고 싶은 만큼 광합성을 해서 온몸을 당분으로 가득 채운다. 엄마 젖은 못 먹지만 그 아픔은 쉽게 잊힌다. 딱딱한 땅의 물 문제도 처음 몇 해는 크게 못 느낀다. 사람들이 묘목을 정성스레 가꿀 것이고 비가 안 오면 알아서 물을 줄 것이니 말이다. 하지만 무엇보다도 엄한 교육이 없다. "느리게!" "200년은 기다려야 해!"라고 가르치며 똑바로 자라지 않으면 빛을 앗아 버리는 엄마가 없다. 아기 나무는 하고 싶은 대로 할 수 있다. 마라톤 경주에 참가한 선수들처럼 미친 듯 달려 해마다 쭉쭉 키를 키운다. 하지만 일정 정도의 키가 되면 어린이에게 주어지는 보너스가 사라진다. 20미터나 되는 나무에 물을 주려면 물도 많이 들 뿐 아니라 시간도 많이 걸린다. 뿌리까지 촉촉이 젖을 정도가 되려면 호스로 몇 세제곱미터의 물을 부어 주어야 한다. 나무 한 그루당 주어야 하는 양이 그 정도다. 그러니 언제까지 돌봐 주겠는가. 어느 날 도움의 손길이 끊긴다.

그런데도 세쿼이아는 그 사실을 알아차리지 못한다. 몇십 년 동안 홍청망청 하고 싶은 대로 하며 살았다. 굵은 줄기는 매일 햇빛 파티를 열어 배가 터질 때까지 먹어 대다가 허리에 타이어를 두르게 된 식습관의 결과다. 당연히 내부 세포들이 매우 크고 공기를 다량 함유하고 있어 균류에 취약하지만 아직 어릴 땐 별문제를 느끼지 못한다.

옆 가지 역시 제멋대로 행동한 증거다. 숲의 에티켓은 줄기 아래쪽엔 가는 가지를 두거나 가지를 아예 만들지 말라고 권한다. 하지만 도심 공원에 사는 나무가 숲의 에티켓을 어디서 배우겠는가? 바닥까지 쏟아지는 풍성한 빛을 받아 세쿼이아는 굵은 옆 가지를 만들고, 그것이 훗날 도핑을 한 보디빌더 못지 않은 몸매를 자랑한다. 물론 땅에서 2~3미터 높이에 자란 가지는 방문객의 시야를 확보하기 위해 정원사가 잘라 낼 테지만 굵은 가지는 20미터 높이부터, 심한 경우 50미터는 되어야 허락하는 원시림과 비교하면 그야말로 옆 가지의 천국이다.

결과는 작은 키와 굵은 줄기다. 그리고 그 줄기 위로 바로 수관이 덮인다. 극단적인 경우 수관밖에 안 보이는 나무들도 많다. 그런 데다 이렇게 단단히 다져진 땅에서는 뿌리가 50미터 이상 파고들지 못하므로 나무가 붙잡고 설 지주가 없다. 매우 위험한 상황이다. 보통 크기의 나무라면 훨씬 더 위태로울 것이다. 하지만 공원의 세쿼이아들은 원시림과는 전혀 다른 성장 형태 탓에 무게중심이 매우 깊다. 다시 말해 폭풍이 불어도 쉽게 균형을 잃지 않아 상대적으로 튼튼하다.

그러나 100살을 넘기면(나무의 100살이면 겨우 취학 연령이다) 편안한 삶의 끝이 서서히 보이기 시작한다. 제일 꼭대기 줄기가 말라 죽고, 나무는 다시 한 번 위로 자라 보려 사력을 다하지만 이미 기차는 종착역에 도착했다. 그나마 세쿼이아는 균류를 막는 자연 방수 처리가 잘되어 있기 때문에 껍질이 다쳐도 몇십 년은 더 버틸 수 있다.

다른 나무 종들은 그렇지가 못하다. 너도밤나무는 굵은 가지를 잘라 내는 어떤 톱질도 순순히 받아들이지 못한다. 다음번에 공원을 산책할 일이 있거든 한번 잘 살펴보라. 큰 활엽수 중에서 어떤 형태로건 모양을 다듬거나 톱으로 베거나 이리저리 손을 대지 않은 것이 없다는 사실을 깨닫게 될 것이다. 이런 톱질(사실상 학살이다)은 오직 사람이 보기 좋으라고 한 짓이다. 가로수의 수관을 똑같은 모양으로 다듬어 놓은 것도 우리가 그것을 보기 좋다고 느끼기 때문이다. 수관을 자르면 뿌리도 심각한 타격을 입는다. 뿌리는 지상의 수관에 맞추어 최적의 크기를 확보한다. 그런데 갑자기 대부분의 가지를 잘라 내서 광합성을 못하게 되면 지하의 뿌리 중 상당수가 양분을 얻지 못해 굶어 죽는다. 그럼 이 죽은 뿌리 끝과 톱질을 한 줄기의 상처 부위로 균류가 침범한다. 서둘러 성장하여 공기가 많이 함유된 목질은 그야말로 균류의 밥이다. 불과 몇십 년 만에 내부의 부패가 밖에서도 알아차릴 정도로 진행된다. 몇십 년이면 나무로서는 정말 눈 깜짝할 시간이다. 수관 일부가 말라 죽고, 그럼 방문객의 안전을 우려한 공원관리공단이 그 부분을 잘라 낸다. 하지만 톱질을 한 그 자리에 다시 큰 상처가 생긴다. 자른 자리에 사람들이 왁스를 발라 주기도 하지만 외려 그것이 부패를 촉진한다. 왁스로 인해 축축해진 부위가 균류의 밥이라는 것은 이제 다들 말 안 해도 알 것이다.

결국 남는 것은 토르소다. 더 이상 버티지 못하고 어느 날 쓰러져 버릴 토르소 하나. 달려와 도움을 줄 가족이 있는 것도 아니기에 이 나무 동강은 순식간에 숨을 거두고 만다. 사람들은 인정사정없이 그것을 베어 버리고 그 자리에 새 나무를 갖다 심는다. 그렇게 드라마는 처음부터 다시 시작된다.

도시의 나무들은 거리의 아이들이다. 그리고 실제 대다수가 별명처럼 도로가에 서 있다. 도로가에 심어져도 처음 몇십 년은 공원에 심어진 친구들과 똑같다. 사람들이 와서 보살펴 주고 아껴 준다. 심지어 나무 전용 수도관까지 마련해 정기적으로 물을 준다. 하지만 신이 나서 뻗어 나가던 뿌리는 갑자기 나타난 예상치 못한 난관에 흠칫 놀란다. 도로나 인도 밑의 땅은 진동식 다짐기vibration compacting machine로 특별히 더 단단히 다지기 때문에 지상보다 훨씬 단단하다. 그게 보통 큰 문제가 아니다. 사실 숲속 나무들의 뿌리는 너무 깊이 내려가지 않는다. 1.5미터 이상을 내려가는 종이 거의 없다. 대부분의 경우 그보다 훨씬 일찍 성장을 중단한다. 숲에선 그래도 된다. 거의 무제한으로 옆으로 뻗어 나갈 수 있기 때문이다. 하지만 도로가에서는 그렇지가 않다. 여기저기 틈이 없나 쑤셔 보지만 차도에 막혀 앞으로 나아갈 수가 없다. 인도에도 각종 관들이 묻혀 있고 그것들을 설치하느라 땅을 단단히 다져 놓았다. 그런 상황에서 분쟁이 발생하지 않는다면 오히려 그것이 더 이상하다. 플라타너스, 단풍나무, 보리수의 뿌리는 지하의 하수도관 속으로 잘 들어간다. 아무것도 모르던 사람들이 장마철에 도로가 물바다가 되면 그제야 문제의 심각성을 알아차린다. 전문가들이 나서 뿌리 샘플을 비교해 보고 어떤 나무가 하수도를 막은 주범인지 찾아낸다. 인도 아래 낙원을 찾아 떠난 나무의 소풍은 결국 죽음으로 끝이 난다. 사람들이 하수도를 막은 나무를 베어 내고, 그 자리에 선배를 따라 하지 못하게 뿌리 차단 장치를 씌운 후임자 나무를 심을 것이다. 그런데 왜 나무들은 뿌리를 관 속으로 들이밀까? 도시의 기술자들은 오랫동안 그것이 관의 연결 부위에서 새어 나오는 물이나 지하수 속에 담긴 양분 때문이라고 생각했다. 그런데 보훔 루르 대학Ruhr-Universität Bochum에서 대대적인 연구 조사를 실시한 결과, 뿌리는 지하수의 수위 위쪽으로 성장했고 양분에도 큰 관심을 보이지 않는 것 같았다. 결국 나무를 유혹하였던 것은 공사를 하면서 제대로 꼼꼼하게 다지지 않은 부드러운 흙이었다. 그런 곳이어야 뿌리가 숨을 쉴 수 있고 성장할 자리를 찾을 수 있기 때문이다. 그러다가 우연히 관의 연결 부위 패킹 속으로도 들어가게 되었고 그 안에서 계속 자랐던 것이다.[45] 결국 나무의 횡포는 시멘트처럼 딱딱한 흙만 만나다가 대충 메워 놓은 구덩이에서 마침내 탈출구를 찾은 나무의 궁여지책이었다. 하지만 나무의 행복이 우리 인간에게는 골칫거리가 된다. 도움의 손길은 하수관에게만 주어진다. 사람들은 더 이상 뿌리가 들어올 수 없도록 더욱 단단히 다진 흙에다 관을 묻는다. 그러니 여름에 태풍이 불면 가로수들이 우르르 쓰러지는 것이 너무나 당연하지 않은가? 숲에서라면 700제곱미터 이상을 뻗어 나갈 수 있을 지하의 뿌리가 보잘것없는 면적에 갇힌 채로 어떻게 몇 톤에 이르는 줄기의 무게를 버티겠는가? 나무의 고난은 거기서 끝나지 않는다. 도시의 미기후는 열기를 고스란히 간직하는 아스팔트와 시멘트의 작품이다. 숲은 한여름에도 밤이 되면 서늘하지만 도로와 건물은 밤이 되면 열기를 토해 내어 대기의 기온을 높게 유지시킨다.

때문에 대기는 극도로 건조한데, 거기에 배기가스까지 다량으로 배출된다. 숲에서 나무의 건강을 돌봐 주던 나무의 동반자(부식토를 만드는 미생물들)도 없다. 뿌리가 수분과 양분을 흡수하도록 도와주는 균근은 낮은 고도에서만 산다. 따라서 도시의 나무들은 가혹한 조건 속에서 혼자 살아야 한다. 그것으로도 모자라 원치 않은 비료까지 추가된다. 나무에 다리를 걸치고 오줌을 싸 대는 개들 말이다. 개 오줌은 나무껍질을 손상시키고 뿌리를 죽인다. 겨울에 살포하는 제설제 염화칼슘 역시 비슷한 해를 입힌다. 눈의 양에 따라 다르지만 연간 땅에 뿌려지는 양이 제곱미터당 1킬로그램이 넘을 때도 있다. 겨울에도 잎을 매달고 있는 침엽수의 경우 달리는 자동차 타이어에서 튀어 올라오는 염화칼슘 거품 때문에 잎이 수난을 겪는다. 염화칼슘의 10퍼센트가 이런 식으로 공중으로 튀었다가 나뭇잎에 내려앉아 잎을 훼손한다고 한다. 침엽수의 잎에 생긴 작은 노란색 점과 갈색 점이 바로 그 증거다. 잎이 이렇게 상처를 입으면 이듬해 봄에 광합성을 할 수 없기 때문에 나무가 쇠약해진다.

기생충의 활약도 만만치 않다. 방어력이 약해진 가로수들은 개각충과 진디의 밥이다. 게다가 기온도 높다. 폭염과 온난한 겨울은 곤충의 생활 여건을 개선해 대다수가 겨울에도 살아남는다. 특히 요즘 기사에 자주 등장하는 해충도 그중 하나인데,

참나무행렬나방oak processionary이 바로 그 주인공이다. 이런 이름이 붙은 이유는 이 나방의 유충들이 수관에서 나뭇잎을 갉아먹은 후 다닥다닥 붙어 긴 열을 이루어 줄기를 타고 내려오기 때문이다. 유충은 촘촘한 고치로 온몸을 싸서 자신을 보호하고 그 안에서 자라면서 허물을 벗는다. 문제가 되는 것은 가시인데, 손에 닿으면 부러지면서 피부를 찌른다. 그리고 쐐기풀 못지않은 가려움증과 두드러기를 일으키고 심지어 알레르기 반응을 유발할 수도 있다. 고치에 남은 빈 허물의 가시도 10년 이상 그런 반응을 일으킬 수 있다. 이 곤충이 출몰하면 여름 내내 골치를 앓는다. 하지만 사실 이것들에겐 죄가 없다. 몇 년 전만 해도 멸종 위기 종의 레드 리스트*에 올랐던 곤충이 갑자기 개체 수가 늘면서 귀찮은 해충이 되고 말았다. 이미 200여 년 전부터 반복적인 대량 출몰의 기록이 보이는데, 독일 연방 자연보호청은 이 대량 번식이 기후 변화와 온난화 때문이 아니라 나방에게 매력적인 먹이가 제공되기 때문이라고 설명한다.[46]

이 나방은 햇살을 잔뜩 받아 따뜻해진 수관을 좋아한다. 숲 한가운데에선 극히 드문 장소다. 숲속 참나무는 너도밤나무들 틈에서 혼자 자라기 때문에 빛을 향해 쭉 내밀 수 있는 것은 기

---

* 국제자연보호연맹이 멸종 위기에 처한 동식물에 대해 2~5년마다 발표하는 보고서.

껏해야 제일 높은 가지의 끝부분 정도다. 하지만 도시에선 햇빛을 가릴 이웃이 없어 하루 종일 뜨거운 햇볕을 쬘 수 있다. 그곳에 터를 잡은 나방의 유충에겐 낙원이 따로 없다. 주거지의 모든 나무가 그런 최적의 조건을 제공하니 당연히 대량 번식으로 이어진다. 그러나 결국 이것들의 대량 번식은 도로변과 주거지의 나무들이 사력을 다해 생존 투쟁을 해야 한다는 산증거에 다름 아니다.

이렇듯 도시의 나무는 너무 큰 부담을 떠안아야 한다. 그러다 보니 대부분이 오래 살지 못한다. 어린 시절 하고 싶은 대로 다 하며 살 수 있지만 그것이 도시 생활의 단점을 상쇄해 주지는 못한다. 그나마 같은 종 친구들에게 속내 이야기를 할 수는 있을 것 같다. 길을 따라 같은 종의 나무가 쭉 늘어선 가로수 길은 어느 도시에나 흔한 풍경이니 말이다. 예쁜 껍질이 여러 가지 색깔로 얼룩얼룩 떨어지는 플라타너스가 대표적인 가로수 수종이다. 거리의 아이들이 향기 물질로 무슨 이야기를 주고받는지, 이야기 내용이 그들의 거친 삶과 어울리는지 우리는 모를 일이다. 자기들끼리만 속삭일 뿐 우리한테는 도통 말이 없으니 말이다.

번 아웃

이 거리의 아이들에게 고향 숲의 편안한 환경은 먼 나라 이야기다. 지금 있는 자리에 평생 붙들려 있어야 할 테니 다른 대안도 없다. 하지만 안락과 사회 공동체 따위는 처음부터 안중에도 없는, 혼자 멀리멀리 달아나기 바쁜 종들도 있다. 엄마와 최대한 멀리 떨어진 곳으로 날아가 자라려는 소위 개척자 나무 종(이렇게 부르고 보니 그럴싸하다)이다. 그래서 이 나무 종의 씨앗은 아주 멀리까지 날아갈 수 있다. 크기가 매우 작고 솜털에 싸여 있거나 작은 날개가 달려 있어서 거센 폭풍이라도 불면 몇 킬로미터까지도 무난히 날아갈 수 있다. 씨앗의 목표는 오직 하나, 숲 밖으로 날아가 그곳에서 새로운 생활 환경을 개척하는 것이다. 심한 산사태도, 엄청난 양의 화산재를 동반한 화산 폭발도, 모든 것을 집어삼킨 화마도 다 괜찮다. 큰 나무만 없으면 된다. 이유는 한 가지다. 개척자 종은 그늘을 너무너무 싫어한다. 그늘이 위로 뻗어 올라가려는 그들의 발길을 자꾸 붙들 테고, 그렇게 느릿느릿 자라다간 영락없이 지고 말 테니까. 그래서 이 첫 이주민들 사이에선 항상 해가 잘 드는 자리를 두고 경쟁이 벌어진다. 대표적인 수종이 사시나무Populus tremula 같은 포플러 종들이며, 백자작나무Betula pendula나 호랑버들Salix caprea도 이에 포함된다. 너도밤나무와 전나무 아기가 연간 몇 밀리미터 자라는 동안 이 개척자 종들은 1미터 이상 키를 키운다. 그래서 10년만 지나도 노지에 조성된 신생 숲을 완전히 뒤덮어 버린다. 그리고 그때쯤 되면 대부분의 종이 이미 꽃을 피워 씨앗들을 새로운 땅으로 날려 보낸다. 그러다 보니 주변에 남은 빈터마저 이 종들이 점령하기 시작한다. 빈터는 식물을 먹고 사는 동물들에게도 매력적인 곳이다. 그곳으로 개척자 나무들뿐 아니라 빽빽한 숲에선 옴짝달싹하기 힘든 풀과 잡목들까지 달려와 기회를 노리기 때문이다. 이 풀과 잡목이 노루와 사승을 유혹한다. 예전 같았으면 야생마와 들소, 바이슨*까지 달려왔을 것이다. 풀들은 어차피 베어 먹힐 각오를 하고 있는 데다, 그 참에 위험한 아기 나무들까지 제거해 주니 오히려 노루나 사슴에게 감사해야 할 판이다. 풀보다는 더 자라고 싶은 관목들은 동물을 막기 위해 위험한 가시를 키웠다. 블랙손Prunus spinosa의 가시는 어찌나 독한지 몇 년 전에 죽은 식물의 가시도 고무장화는 물론이고 자동차 타이어까지 뚫어 버린다. 그러니 동물의 가죽이나 발굽 정도는 식은 죽 먹기다.

개척자 나무들은 다른 방식의 방어 전략을 구사한다. 지체 없이 성장하여 줄기를 굵게 만들고 그 줄기를 튼튼하고 거친 수피로 감싼다. 자작나무는 원래 매끈하고 희던 수피가 파열되면서 검은색 긴 줄이 생긴다. 짐승의 이빨도 그런 딱딱한 물질은 베지 못한다. 더구나 오일로 적신 조직이 맛이 있을 리 없다. 물론 그 덕분에 자작나무 껍질은 말리지 않아도 불에 잘 타므로 모닥불을 지필 때 아주 요긴하다(하지만 껍질 바깥층만 벗겨내야지, 안 그러면 나무가 다친다). 자작나무의 껍질에는 또 한 가지 놀라운 효능이 숨어 있다. 하얀 색깔은 작용 물질 베툴린betulin 때문인데, 이것이 껍질의 대부분을 이루고 있다. 흰색은 햇빛

---

* bison, 아메리카들소.

을 반사하여 줄기의 화상을 막아 준다. 또 겨울날 따뜻한 햇볕이 내리쬐어도 무방비의 나무가 뜨거워지면서 껍질이 터지는 사태를 예방한다. 자작나무는 개척자 종이다. 그늘을 드리워 줄 이웃 없이 혼자 탁 트인 노지에 서 있는 경우가 많기 때문에 정말로 효과적인 조치다. 베툴린은 또 항생 작용과 항균 작용을 하기 때문에 의학적으로도 널리 이용되고 있으며 피부 관리 제품에도 많이 이용된다.[47] 더 놀라운 것은 양이다. 껍질의 대부분을 이런 방어 물질로 범벅을 한 나무는 항상 비상경계 상태에 있다. 세심하게 조율한 성장과 방어의 균형을 버리고 오직 한 명의 적군도 넘을 수 없는 튼튼한 성벽을 쌓는 일에 최대의 에너지를 쏟아붓는다. 왜 모든 나무 종이 이렇게 하지 않을까? 적이 입만 갖다 대도 곧바로 저승으로 보내 버릴 수 있도록 철저한 대비 태세를 갖추어야 하는 것이 아닐까? 서로 친하게 사는 종은 굳이 그럴 필요가 없다. 필요할 경우 돌보아 주고 적시에 경고도 해 주며 아프거나 굶주릴 때 먹이를 나누어 주는 공동체가 있으니까. 따라서 방어에 쓸 에너지를 아꼈다가 목질과 잎, 열매에 마음껏 투자할 수 있다.

혼자 이 험한 세상을 헤쳐 나가는 자작나무는 그렇지 않다. 물론 자작나무라고 해서 목질을 키우지 않는 것은 아니다. 심지어 다른 나무들보다 더 빨리 키운다. 게다가 자작나무도 번식을 원하고 번식을 할 수 있다. 그럼 그 에너지는 어디서 올까? 이런 나무 종은 다른 종보다 더 효과적으로 광합성을 할 수 있는 것일까? 그렇지 않다. 비밀은 완전한 지출이다. 자작나무는 허덕이며 산다. 분수에 넘치게 많은 에너지를 쓰다가 결국 녹다운 되고 만다. 하지만 자작나무의 최후를 보기 전에 먼저 자작나무처럼 허덕이며 사는 불안한 종을 하나 더 소개할까 한다. 사시나무가 바로 그 주인공이다. 사시나무 떨듯 떤다는 속담이 나온 것은 나무가 겁이 많아서가 아니라 그것의 잎이 아주 여린 미풍에도 반응을 하기 때문이다. 특수 잎자루에 매달린 잎들이 바람에 팔락이는데 윗면과 밑면이 번갈아 가면서 빛을 향한다. 그래서 밑면을 호흡용으로 쓰는 다른 종들과 달리 양면 모두로 광합성을 할 수 있다. 당연히 에너지 생산량이 높아 심지어 자작나무보다도 더 빨리 성장할 수 있다. 천적에 대응하는 전략도 남달라 주로 끈기와 인해 전술을 동원한다. 위쪽 줄기와 잎이 노루와 사슴에게 계속 뜯어 먹혀도 사시나무의 뿌리는 아랑곳하지 않고 계속 뻗어 나간다. 그 뿌리에서 수백 개의 잔뿌리가 솟아나기 때문에 몇 년 안에 금방 무성한 덤불을 이룬다. 한 그루가 몇백 제곱미터의 면적을 다 점령할 수도 있는데 심한 경우 그보다 더 넓은 면적도 소화한다. 미국 유타Utah 주 피시레이크 국유림Fishlake National Forest에서는 사시

나무 한 그루가 수천 년 동안 40만 제곱미터 이상 뻗어 나가면서 4만 개가 넘는 줄기를 만들었다. 큰 숲처럼 보이는 이 나무에게 사람들은 '판도Pando'(라틴어 '판데레pandere'가 '확산하다'라는 뜻이다)라는 이름을 붙여 주었다.[48] 그것보다 크기는 작지만 우리의 숲이나 들에서도 비슷한 형태의 사시나무를 찾아볼 수 있다. 도저히 앞이 보이지 않을 정도로 덤불이 빽빽해지면 줄기들이 느긋하게 위로 올라가기 시작해 불과 20년 안에 큰 나무로 자란다.

하지만 쉼 없는 투쟁과 빠른 성장에는 대가가 있기 마련이다. 30년만 지나도 벌써 지친 기색이 역력하다. 개척자 나무 종의 활력을 한눈에 보여 주는 키 성장이 급격하게 줄어든다. 사실 키가 더 이상 크지 않는다는 것은 그 자체만 놓고 보면 그리 나쁜 일이 아니다. 하지만 포플러나 자작나무, 버드나무에겐 그것이 곧 불행의 전조다. 이것들은 빛을 많이 쓰는 수종이 아니다. 따라서 쓰이지 못하고 땅까지 내려가는 빛의 양이 많아 나중에 도착한 나무 종들이 쉽게 뿌리를 내릴 수가 있다. 속도가 느린 단풍나무와 너도밤나무, 서어나무, 실버 전나무 등은 어린 시절을 그늘에서 보내는 종들이다. 자발적이지는 않아도 그것들에게 그늘을 선사하는 것이 바로 개척자 종이고, 그럼으로써 개척자 종에게 사형 선고가 내린다. 이제 개척자 종들이

패배할 수밖에 없는 경주가 시작되기 때문이다. 후발 주자 아기 나무들은 서서히 위로 뻗어 올라가 불과 몇십 년 안에 그늘을 선사하던 선배들을 따라잡는다. 그사이 있는 힘을 다 쓰고 탈진해 버린 개척자 종 선배들은 최고 25미터의 키에서 더 이상 올라가지 못한다. 무심한 너도밤나무는 진이 다 빠진 선배의 수관을 뚫고 들어가 신나게 그 위로 뻗어 올라간다. 그런데 너도밤나무 같은 음수 종들은 자작나무 같은 양수 종에 비해 훨씬 빛을 잘 활용하기 때문에 성장에서 밀린 자작나무와 포플러에게 충분한 빛을 남겨 주지 않는다. 물론 아직은 자작나무도 저항을 포기하지 않는다. 특히 백자작나무는 귀찮은 경쟁자들을 적어도 몇 년 동안은 따돌릴 수 있는 비책을 마련하였다. 바람이 아주 살짝만 불어도 축 처진 가늘고 긴 가지가 채찍처럼 나부끼는 것이다. 그 채찍이 이웃 나무들의 수관을 강타하여 잎과 줄기가 떨어져 나가고, 때문에 단기간이나마 이웃 나무의 성장이 중지된다. 하지만 다 소용없다. 늦깎이 음수 종들은 상대적으로 빠른 시간 안에 자작나무와 포플러를 추월하고 만다. 그리고 불과 몇 년 후면 마지막 남은 비축 식량까지 다 긁어 쓴 자작나무는 죽어 흙으로 돌아갈 것이다.

이런 다른 종과의 경쟁이 굳이 없어도 개척자 종의 생명은 그리 길지 않다. 키 성장이 느려지면서 균류에 대한 방어력도 사라지기 때문이다. 굵은 가지 하나가 부러지기만 해도 때는 이미 늦다. 방어선이 무너져 균류가 밀고 들어온다. 이 나무들의 목질 세포는 빨리 자란 큰 세포들이기 때문에 공기를 많이 함유하고 있어 일단 안으로 들어온 균류가 순식간에 퍼져 나가고 넓은 면적의 줄기가 썩는다. 개척자 종은 도와줄 친구도 없이 혼자 살기 때문에 얼마 못 가 폭풍에 줄기가 꺾이고 만다. 하지만 종 전체로 보면 그리 비극적인 일은 아니다. 얼른 자라 얼른 어른이 되어 얼른 번식을 하겠다는 그들의 목표는 이미 오래전에 달성되었으니 말이다.

북으로 북으로!

나무는 걸을 수 없다. 그걸 모르는 사람은 없을 것이다. 하지만 그럼에도 이동은 해야 한다. 걸을 수 없는데 어떻게 이동을 할까? 해결책은 세대교체에 있다. 모든 나무는 일생 동안 어릴 적 뿌리를 내린 그곳에 붙박여 있어야 한다. 하지만 나무는 번식을 할 수 있고, 나무 태아가 아직 씨앗에 감싸여 꾸벅꾸벅 졸고 있는 그 짧은 순간만큼은 완전한 자유다. 엄마한테서 떨어지자마자 나무는 여행을 시작한다. 성격이 무지 급해 서두르는 종들은 아기가 바람을 타고 깃털처럼 가볍게 날아갈 수 있도록 아기에게 고운 솜털 옷을 입혀 준다. 그런데 그렇게 가볍게 날 수 있으려면 씨앗이 아주 작아야 한다. 포플러와 버드나무는 그런 날개 달린 작은 씨앗을 만들어 몇 킬로미터 너머까지 자식을 떠나보낸다. 그러나 행동반경이 크다는 장점이 있는 만큼 또 씨앗이 너무 작아 양분을 비축할 공간이 없다는 단점도 있다. 씨앗은 싹을 틔우자마자 서둘러 혼자 힘으로 양분을 마련해야 하기 때문에 양분이 부족하거나 물이 없는 땅에선 버틸 힘이 없다. 자작나무, 단풍나무, 서어나무, 사시나무와 침엽수들은 씨앗이 조금 더 무겁다. 무거워서 바람을 타고 훨훨 날 수 없기 때문에 이 나무들은 씨앗에게 비행 보조 장치를 달아 준다. 침엽수 중에는 추락 속도를 매우 느리게 만들어 주는 진짜 회전 날개를 장착한 종도 많다. 어쩌다 운이 좋아 폭풍이라도 부는 날이면 씨앗은 몇 킬로미터 너머까지 멀리 날아갈 수 있다. 하지만 참나무와 밤나무, 너도밤나무에겐 꿈도 꿀 수 없는 거리다. 그래서 이것들은 보조 장치를 아예 포기하고 동물 세계와 동맹을 맺는 쪽으로 전략을 바꾸었다. 쥐와 다람쥐, 어치는 지방과 전분이 풍부한 이것들의 씨앗을 아주 좋아한다. 이 씨앗을 겨울 식량으로 삼기 위해 숲의 땅에 숨겨 두었다가 양식이 많아 방치하거나 찾지 못하여 그대로 둔다. 굶주린 올빼미도 큰 도움을 줄 수 있다. 올빼미가 노란목들쥐Apodemus havicollis를 잡아 식량으로 삼으면 그 들쥐가 숨겨 놓은 씨앗은 무사히 땅속에서 겨울을 날 수 있다. 들쥐는 큰 너도밤나무에서 떨어진 열매를 바로 그 나무의 발치에 묻을 때가 많다. 나무의 잔뿌리들 사이에는 물기가 없는 작은 동굴이 생기기 쉬운데 바로 그곳을 집으로 삼기 때문이다. 쥐 한 마리가 동굴에 입주했다는 사실은 그 앞에 쌓여 있는 속이 텅 빈 너도밤나무 열매 껍질을 보면 알 수 있다. 어쨌거나 쥐가 아무리 식욕이 좋아도 열매 몇 개는 잡아먹히지 않고 땅에 묻혀 있다가 쥐가 죽고 이듬해 봄이 되면 싹을 틔워 새로운 숲을 이룬다.

씨앗을 옮기는 거리로 보면 어치가 단연코 1등이다. 어치는 참나무와 너도밤나무 열매를 몇 킬로미터 떨어진 곳까지 가져간다. 다람쥐는 기껏해야 몇백 미터이고, 쥐는 나무에서 10미터 이상 떨어진 곳에는 열매를 묻지 않는다. 그러니까 무거운 씨앗은 빠른 속도로 이동을 할 수 없다. 대신 양분을 많이 저장할 수 있기 때문에, 씨앗이 한 해 정도는 충분히 살아갈 수 있을 만큼 여유분이 있다.

포플러와 버드나무는 훨씬 더 빠른 속도로 새로운 생활 환경을 개척할 수 있다. 예를 들어 화산 폭발로 생명이 전멸하고 모든 것이 영점에서 시작되어야 하는 곳에서도 용감하게 개척을 시작한다. 하지만 어차피 이 종은 오래 살지 못하고 또 많은 빛을 바닥으로 내려보내기 때문에 나중에 도착한 나무 종들도 그것들과 함께 공존할 수 있다. 그런데 왜 이렇게 힘들여 이동을 하려는 것일까? 쾌적하고 안락하기만 한데 그냥 지금 엄마 나무가 사는 숲에서 살면 안 되나? 새 생활 공간의 개척이 필요한 이유는 무엇보다 기후가 지속적으로 변하기 때문이다. 물론 수백 년을 넘기는 아주 느린 속도다. 하지만 언젠가는 아무리 통 크게 웃어넘기려고 해도 각 종에게 너무 덥거나 너무 춥고 너무 건조하고 너무 습기가 많은 때가 올 것이다. 그럼 그 종은 다른 종에게 자리를 물려줘야 하고, 물려준다는 것은 방랑길에 오른다는 뜻이다. 그리고 지금 이 순간 우리의 숲에서 그런 방랑이 시작되고 있다. 평균 기온이 1도 이상 상승한 지구 온난화 때문만은 아니다. 마지막 빙하기가 온난기로 넘어가고 있기 때문이다. 날씨가 점점 추워지면 나무들도 남쪽으로 피난을 가야 한다. 이 과정이 몇 세대에 걸쳐 아주 느린 속도로 진행된다면 다들 무사히 지중해권으로 옮아갈 수 있을 것이다. 하지만 추위의 속도가 그보다 더 빠르다면 얼음이 숲을 덮칠 것이고 게으름을 피우던 종들을 한꺼번에 삼키고 말 것이다. 300만 년 전만 해도 지금 우리 곁에 사는 유럽너도밤나무에겐 큰잎너도밤나무 친구가 있었다. 그런데 무사히 남부 유럽으로 피신을 한 유럽너도밤나무와 달리 큰잎너도밤나무는 꾸물거리다가 그만 멸종하고 말았다. 이유 중 하나가 알프스 산맥이다. 알프스는 나무의 도주로를 차단하는 천연 장벽이다. 그 장벽을 넘자면 일단 고지대로 이사를 갔다가 다시 아래로 내려와야 한다. 하지만 고지는 여름에도 춥기 때문에 많은 나무 종의 운명이 수목 한계선에서 끝나고 만다. 큰잎너도밤나무는 현재 북미 동부에서만 발견된다. 북미에는 동과 서를 가로지르는 큰 산맥이 없기 때문에 그곳의 큰잎너도밤나무는 무사히 살아남았다. 무사히 남으로 피신했다가 빙하기가 끝나고 다시 북으로 퍼져 나간 것이다.

유럽너도밤나무는 다른 몇몇 종과 함께 알프스를 넘어 안전한 장소에서 오늘날까지 살아남았다. 상대적으로 수가 적은 이 종들은 지난 수천 년 동안 자유롭게 방랑하였고 지금까지도 북으로 행진을 이어 가고 있다. 그러니까 여전히 녹는 얼음의 뒤를 쫓고 있는 것이다. 기온이 올라가자마자 싹을 틔운 씨앗들이 잽싸게 기회를 낚아채 어른 나무로 성장하고, 다시 씨앗을 뿌려 몇 킬로미터 북쪽으로 날려 보낸다. 이런 여행의 평균 속도는 연간 400미터다. 유럽너도밤나무는 그중에서도 특히 느리다. 어치가 유럽너도밤나무보다는 참나무 열매를 더 좋아하는 데다, 바람을 타고 훨훨 날아갈 수 있는 다른 종들이 얼른 빈터를 점령해 버린다. 그래서 지금으로부터 4000여 년 전 느림보 유럽너도밤나무가 중부 유럽으로 돌아왔을 때 숲은 이미 참나무와 개암나무에게 점령당한 후였다. 하지만 유럽너도밤나무는 개의치 않았다. 우리도 그들의 전략을 다 알지 않는가. 그것들은 다른 나무보다 그늘을 잘 참아 내기 때문에 다른 나무의 발치에서도 아무 문제 없이 싹을 틔울 수 있다. 참나무와 개암나무가 땅으로 보내 준 약간의 남은 빛만 있어도 위로 쭉쭉 뻗어 나가다가 어느 날 경쟁자의 수관으로 얼굴을 들이밀 수 있다. 그리고 올 것은 오고야 말았다. 너도밤나무가 일찍 자리 잡은 나무 종보다 크게 자라 그들의 목숨을 부지해 주던 빛을 앗아 버린 것이다. 북으로 향하는 이 잔인한 승전 행렬은 현재 남부 스웨덴까지 진행되었지만 아직 끝난 것이 아니다. 아니, 인간이 개입하지 않았더라면 아직 끝나지 않았을 것이다. 너도밤나무가 도착했을 때 우리 조상들은 숲에 과감하게 손을 대기 시작했다. 주거지 주변의 나무들을 모조리 잘라 내어 경작지를 조성하였다. 또 가축을 키우기 위해서도 다시 나무를 잘라 냈는데 그것으로도 자리가 부족해 소와 돼지를 숲에 풀어 방목하였다. 너도밤나무 입장에선 실로 충격적인 사태였다. 성장해도 좋다는 허락이 떨어지기까지 수백 년 넘게 땅바닥에 붙어 목숨을 부지해야 하는 너도밤나무 아기들의 꼭대기 순과 싹이 그 초식동물들에게 무방비로 노출되었다. 원래 숲에서 포유류의 밀도는 극히 낮다. 숲은 포유동물이 살 만큼 영양소가 풍부한 곳이 아니기 때문이다. 따라서 인간이 등장하기 전까지는 너도밤나무 아기들이 아무한테도 잡아먹히지 않고 200년을 버티며 기다릴 수 있는 성공 확률이 매우 높았다. 그런데 이제는 쉬지 않고 목동들이 굶주린 가축 떼를 끌고 숲으로 들어왔고, 이때다 싶은 가축들이 맛난 싹을 향해 달려들었다. 벌목을 통해 빛이 환해진 땅에서도 예전 같았으면 너도밤나무 때문에 옴짝달싹도 못하던 다른 나무 종들이 기세가 등등해져서 너도밤나무를 밀어냈다. 따라서 빙하기가 끝난 후 너도밤나무의 이동은 심한 제약에 부딪혔고 지금까지도 터를 잡지 못한 지역이 적지 않다. 게다가 지난 몇백 년 동안에는 사냥꾼들까지 가세하였다. 그런데 역설적이게도 사냥꾼들 때문에 사슴과 멧돼지, 노루의 숫자가 기하급수적으로 늘었다. 뿔 달린 수컷 야생동물의 개체 수를 늘리기 위해 사냥꾼들이 대량으로 먹이를 공급했고, 그로 인해 개체 수가 자연 수준의 최대 다섯 배까지 폭증한 것이다. 현재 독일어권은 전 세계에서 초식동물의 밀도가 가장 높은 곳 중 하나다. 그러니 어린 너도밤나무에게는 훨씬 더 혹독한 지역이 된 것이다. 남부 스웨덴에는 원래 너도밤나무가 있어야 할 자리에 가문비나무와 소나무 군락이 줄지어 서 있다. 혼자 떨어져 외로이 서 있는 나무들 중에서도 너도밤나무를 찾기란 하늘의 별 따기다. 하지만 너도밤나무는 여전히 희망을 잃지 않고 만반의 준비를 갖춘 채 기다린다. 언젠가 인간이 이 게임에서 손을 뗄 날을. 손을 떼자마자 곧바로 북으로의 여행을 다시 시작할 것이다.

속도가 느리기로 치면 유일한 유럽 토착 전나무 종인 실버 전나무를 따를 자가 없다. 실버 전나무라는 이름은 밝은 회색의 껍질 때문에 생긴 것으로, 그 색깔 때문에 (붉은 갈색 껍질의) 가문비나무와 확연히 구분된다. 실버 전나무는 남부 유럽에 사는 대부분의 나무 종들처럼 빙하기를 무사히 넘겼다. 아마 이탈리아, 발칸 국가들, 스페인에서 피난처를 찾았을 것이다.[49] 거기서부터 다른 나무 종의 뒤를 따라 서서히 이동을 했는데 속도가 겨우 연간 300미터였다. 가문비나무와 소나무는 실버 전나무를 훨씬 앞질러 갔는데, 씨앗이 월등히 가벼워 잘 날 수 있기 때문이다. 무거운 열매를 생산하는 너도밤나무조차도 어치 덕분에 훨씬 더 빠른 속력을 낼 수 있었다. 아마도 실버 전나무가 전략을 잘못 택한 것 같다. 그것의 열매는 작은 돛을 매달고 있어도 잘 날지 못하고 그렇다고 새가 먹어 퍼뜨려 주기에는 크기가 너무 작다. 전나무 씨앗을 먹는 새가 있기는 하지만 침엽수들은 그 방법을 상대적으로 많이 이용하지 않는다. 예를 들어 켐브라잣나무*Pinus cembra* 열매를 먹는 잣까마귀는 잣나무의 씨앗을 모아 창고에 쌓아 두기는 하지만 참나무와 너도밤나무 열매를 사방 땅속에 묻어 두는 어치와 달리 물기가 없는 안전한 장소에 고이 보관한다. 그래서 까마귀가 잊고 먹지 않는다고 해도 워낙 물이 부족하여 씨앗은 아무 짓도 할 수가 없다. 그래서 이래저래 실버 전나무는 살기가 팍팍하다. 대부분의 유럽 나무 종들이 그사이 스칸디나비아까지 진출을 했는데 실버 전나무는 이제 겨우 하르츠 산맥에 당도했다. 하지만 몇백 년쯤 늦는다고 뭐가 그리 대수겠는가? 전나무는 제아무리 어두운 그늘도 잘 참기 때문에 심지어 너도밤나무 그늘에서도 잘 자랄 수 있다. 그렇게 느릿느릿 기존의 숲들을 점령해 나갈 것이고 언젠가는 거대한 나무로 자랄 수 있을 것이다. 한 가지 아킬레스건은 노루와 사슴의 입맛이다. 그들이 곳곳에서 아기 전나무들을 베어 먹는 통에 앞으로 나아갈 수가 없다.

그런데 왜 너도밤나무는 중부 유럽에서만큼은 어디다 내세워도 손색이 없을 만큼 뛰어난 경쟁력을 자랑하는 것일까? 달리 표현하면 다른 나무 종을 이 정도로 완벽하게 물리치고 뻗어 나갈 수 있다면 왜 전 세계 곳곳으로 퍼져 나가지 못하는 것일까? 대답은 간단하다. 너도밤나무의 강점은 대서양이 상대적으로 가까운 중부 유럽의 현재 기후 조건에서만 통하기 때문이다. 이곳의 기온은 산맥을 제외하면(너도밤나무는 고지에서 살지 못한다) 사철 내내 매우 고르다. 여름은 서늘하고 겨울은 온화하며 강수량도 연간 500~1500밀리미터로 너도밤나무가 딱 좋아하는 수준이다. 물은 성장의 핵심 요인 중 하나이고, 바로 이 점에서 너도밤나무는 상당히 유리하다. 목질 1킬로그램을 생산하기 위해 너도밤나무가 필요로 하는 물의 양은 180리터다. 다른 종들 대부분은 최대 300리터로 너도밤나무의 두 배에 육박한다. 이 능력 덕분에 너도밤나무는 빨리 위로 뻗어 다른 종을 내쫓을 수가 있다. 예를 들어 가문비나무는 태생적으로 술꾼이다. 저 북쪽 차갑고 습한 지역에서 살았기에 물 부족 같은 말을 들어 본 적이 없다. 하지만 중부 유럽에서 그런 조건은 수목 한계선 직전의 고지에서만 제공된다. 그곳은 비가 많고 기온이 낮아 증발되는 물이 거의 없다. 그러므로 물을 그야말로 물 쓰듯 펑펑 쓸 수 있다. 하지만 저지에 자리한 대부분의 지역에선 근검절약이 몸에 밴 너도밤나무가 훨씬 유리하다. 절약 습관 덕분에 강수량이 적은 해에도 원하는 만큼 키를 키울 수 있고 따라서 낭비벽이 심한 동료들을 앞질러 쑥쑥 자랄 수 있다. 경쟁자들의 아기들이 두꺼운 잎사귀에 가려 질식해 버리는 곳에서도 너도밤나무 묘목들은 아무 문제 없이 잘 자란다. 다른 나무들에게 한 줄기의 빛도 나눠 주지 않는 극단적인 빛 활용 능력과 함께 스스로 습도 높은 적당한 미기후를 조성하는 능력, 땅속에 좋은 부식토를 쌓고 줄기로 물을 모으는 능력을 한껏 발휘하여 너도밤나무는 현재 중부 유럽에서 불패 신화를 자랑하는 나무 종이 되었다. 하지만 그것도 중부 유럽에서나 통하는 이야기다. 뜨겁고 건조한 여름, 혹한의 겨울이 계속된다면 너도밤나무도 견디지 못하고 참나무 같은 다른 종에게 자리를 내줄 수밖에 없을 것이다. 그런 조건인 곳이 유럽 동부다. 여름은 그럭저럭 견딜 만하지만 스칸디나비아의 추운 겨울은 너도밤나무에게 너무 혹독하다. 햇살이 강렬한 유럽 남부에서는 너무 뜨겁지 않은 높은 지역에서만 둥지를 틀 수 있다. 이렇듯 원하는 기후 조건이 까다로운 탓에 너도밤나무는 현재 중부 유럽에 붙들려 있다. 하지만 기후 온난화로 북쪽이 더 더워지면 앞으로는 그 방향으로도 더 진출할 수 있을 것이다. 아마 남쪽이 너무 뜨거워질 테니 전체 분포 지역이 북으로 이동할 것이다.

저항력 최고!

왜 나무는 그렇게 오래 살까? 잡초처럼 여름 한철 사력을 다해 성장하고 꽃을 피우고 씨앗을 만든 다음 다시 흙으로 돌아가는 그런 삶을 살 수도 있을 텐데 말이다. 잡초와 같은 삶의 방식엔 큰 장점이 있다. 세대가 교체될 때마다 유전 변이를 할 수 있는 기회가 주어지는 것이다. 돌연변이는 짝짓기나 수정을 할 때 특히 일어나기 쉽다. 쉬지 않고 변화하는 주변 환경에서 적응은 생존의 필수 조건이다. 쥐는 몇 주 간격을 두고 번식을 하고 파리는 그보다 더 간격이 밭다. 그런 유전 과정에서 유전자가 손상되고, 운이 좋을 경우 특별한 특성이 나타난다. 그것을 한마디로 진화라 부른다. 진화는 변화하는 환경 조건에 적응하도록 도와주는 도우미이며 각 종의 생존을 보장하는 보증서다. 세대교체 기간이 짧을수록 적응 속도도 빨라진다. 그런데 과학적으로도 입증된 이런 필요성을 나무는 깡그리 무시하는 것 같다. 그냥 하염없이 한곳에 주저앉아 나이 먹으면서 평균 몇백 년을, 심한 경우 몇천 년을 넘기기도 한다. 물론 최소 5년에 한 번씩 번식을 하지만 진짜 유전은 자주 일어나지 않는다. 한 그루 나무가 수십만 번 자식을 생산하면 무엇하나? 그중 어느 자식 하나 제대로 된 일자리도 못 구하는데 말이다. 자기 엄마가 빛이란 빛을 모조리 집어삼키는데 그 밑에서 대체 무엇을 할 수 있단 말인가? 아기 나무가 제아무리 천재적으로 새로운 특성을 갖고 태어났다 한들 스스로 꽃을 피워 그 유전자를 물려줄 수 있으려면 수천 년을 기다려야 한다. 그 모든 것이 느려도 너무 느리고, 보통은 그때까지 견디지를 못한다.

최근의 기후사를 돌아보면 변화가 극심했다는 것을 알 수 있다. 얼마나 격심했는지는 취리히의 한 대형 공사 현장이 여실히 보여 준다. 그곳의 일꾼들이 잘린 지 얼마 안 된 나무 그루터기를 발견했는데 처음에는 별생각 없이 옆으로 치워 버렸다. 그런데 어떤 학자가 그것을 발견하고 표본을 채취하여 나이를 계산해 보았다. 그 그루터기는 그곳에서 무려 1만 4000년 전에 자라던 소나무의 것이었다. 더 놀라운 것은 당시의 기온 변화였다. 불과 30년 안에 기온이 6도까지 떨어졌고 이어 급격한 속도로 다시 상승했다. 향후 100년 동안 코앞까지 닥쳐올 기후 변화를 생각할 때 최악의 시나리오가 아닐 수 없다. 이미 1940년대의 혹한, 1970년대의 기록적인 가뭄, 1990년대의 뜨거운 여름을 거쳤던 지난 세기의 기후 변화만도 자연에게는 충분히 가혹했다. 하지만 나무들은 두 가지 이유에서 그런 변화를 묵묵히 견딜 수 있다. 나무는 기후 저항력이 대단히 크다. 예를 들어 너도밤나무는 스웨덴 남부에서 시베리아까지 널리 분포한다. 둘 다 ㅅ으로 시작하지만 사실 두 지역은 거의 공통점이 없다. 자작나무, 소나무, 참나무도 유연성이 뛰어나다. 그럼에도 그 정도로는 모든 요구 조건을 충족하기에 턱없이 부족하다. 많은 동물 종과 균류들이 등락을 거듭하는 기온 및 폭우와 더불어 남쪽에서 북쪽으로, 혹은 그 반대로 이동할 것이다. 그 말은 곧 나무가 처음 보는 기생 생물에 대적해야 한다는 뜻이다. 게다가 기후가 참을 수 있는 범위를 넘어 극단적으로 변할 수도 있다. 그래도 나무는 다리가 있어 도망을 칠 수 있는 것도 아니고 다른 생명체에게 도움을 청할 수도 없다. 그저 묵묵히 혼자 힘으로 해결을 해야 한다. 나무는 생명의 아주 초기 단계에서부터 적극적으로 환경에 대처한다. 수정이 된 직후 꽃

속에서 자라는 씨앗은 환경 조건에 맞춰 스스로를 변화시킨다. 날씨가 과도하게 덥고 건조하면 그에 대응하는 유전자가 활성화된다. 그래서 가문비나무의 경우 그런 조건에서 태어난 어린 나무는 지금까지의 나무들보다 더 더위에 대한 저항력이 크다. 하지만 안타깝게도 꼭 그만큼 추위에 대한 저항력이 떨어진다.[50] 어른 나무도 대처가 가능하다. 가뭄을 거치며 심각한 물 부족을 겪고 나면 앞으로는 물을 훨씬 아껴 쓴다. 예전처럼 여름이 시작되자마자 땅에서 물을 펑펑 길어 올려 우물을 고갈시키지 않는다. 잎은 대부분의 수분이 증발되는 기관이다. 따라서 가뭄이 장기화할 것 같으면 나무는 두꺼운 막으로 잎을 덮는다. 잎 윗면의 보호용 왁스층도 두꺼워지고 세포의 격벽 역시 여러 겹으로 막힌다. 하지만 방수 격벽이 그렇게 두꺼워지면 수분 증발은 막을 수 있지만 숨을 쉬기가 힘들어진다.

레퍼토리가 바닥나면 유전자가 개입한다. 앞에서 설명했듯 나무의 세대교체는 극도로 오랜 시간이 걸린다. 그러므로 급속한 적응으로 문제를 해결하는 대응 방식은 아예 생각할 수조차 없다. 하지만 다르게 가면 된다. 자연의 숲에선 한 종의 나무들끼리도 유전자 차이가 극심하다. 인간의 유전자는 다 거기서 거기라서 진화적으로 볼 때 모든 인간은 친척이다. 하지만 한 지역에 같이 어울려 사는 너도밤나무들은 종이 다른 동물의 유전자 차이에 버금갈 만큼 서로 유전자가 다르다. 따라서 모든 나무의 특성은 개별적으로 큰 차이가 난다. 어떤 나무는 추위보다 가뭄을 잘 견디고, 또 어떤 나무는 곤충에 대한 방어력이 뛰어나며 그 옆에 서 있는 나무는 발밑이 좀 축축해도 그냥 무던하게 잘 견딘다. 환경 조건이 변하면 그 환경에 대처하지 못하는 개체가 먼저 사라질 것이다. 그래서 몇 그루 고목이 죽을 테지만 숲의 나무들은 대부분 버티며 살아남는다. 설사 조건이 더 극단적으로 변해 한 종의 개체가 대부분 목숨을 잃게 되더라도 이 역시 그리 비극적인 사태는 아니다. 아직 충분한 숫자의 개체가 남아 충분한 열매를 만들고 충분한 그늘을 드리워 다음 세대를 키울 테니 말이다. 이용 가능한 과학적 자료를 근거로 내 관리 구역 늙은 너도밤나무들의 예상 수명을 계산해 보았다. 여기 휨멜의 기후가 언젠가 스페인처럼 더워진다 해도 아마 나무의 대부분이 잘 버틸 것이다. 물론 조건이 있다. 나무를 함부로 베어 숲의 사회 조직을 망치지 말아야 하며 나무들이 알아서 미기후를 조절할 수 있게 방해하지 말아야 한다.

폭풍의 시절

숲에선 뜻대로 안 되는 일도 많다. 숲 생태계는 놀랄 만큼 안정적이어서 몇백 년 동안 변화라 부를 만한 변화가 전혀 일어나지 않다가도 한 번의 자연 재앙이 단방에 숲 전체를 뒤엎을 수도 있다. 겨울의 태풍에 대해선 앞에서도 이미 말했다. 그런 태풍에 숲 전체가 쓰러지기도 하는데, 보통은 인공으로 조성한 가문비나무나 소나무의 숲이다. 숲이 조성된 자리가 기계로 다져서 뿌리가 뻗어 나갈 수 없는 문제 많은 땅이라 나무가 제대로 붙잡고 서 있을 수가 없는 것이다. 게다가 중부 유럽의 침엽수들은 원래 침엽수의 고향인 북부 유럽의 친구들보다 키가 훨씬 크고 겨울에도 잎을 매달고 있다. 그래서 바람의 공격을 받을 수 있는 면적이 넓고 긴 줄기가 지렛대 작용까지 한다. 허약한 뿌리가 못 버티는 것이 너무나 당연한 결과가 아니겠는가.

물론 자연의 숲도 지역적이나마 태풍에 해를 입는다. 토네이도가 불어오면 회오리바람이 불과 몇 초 안에 방향을 바꾸기 때문에 나무에 과부하가 걸린다. 태풍이 천둥 번개를 동반하는 경우도 있는데, 중부 유럽에서는 거의 여름에만 그런 현상이 발생한다. 그럴 경우 문제는 더 심각해진다. 활엽수들이 아직 가지에 잎을 매달고 있기 때문이다. 보통 중부 유럽의 태풍 시기는 10월에서 이듬해 3월까지다. 그때는 잎이 다 떨어진 후라서 가지가 유선형이 된다. 하지만 6~7월에는 나무들이 아직 태풍을 맞을 준비를 하기 전이다. 숲을 휩쓴 토네이도는 수관을 움켜쥐고 억센 힘으로 가지들을 당겨 뜯어낸다. 처참한 모습으로 그 자리에 남은 줄기의 찢긴 흔적은 자연의 무서운 힘을 입증하는 경고의 메시지다.

하지만 다행스럽게도 토네이도는 잦은 현상이 아니다. 그래서 진화론적으로 볼 때는 그것을 예방하는 조치는 불필요하다. 그보다는 뇌우로 인한 피해가 더 자주 발생한다. 폭우에 수관 전체가 부러지는 피해다. 불과 몇 분 안에 엄청난 양의 빗물이 잎에 떨어지면 나무는 그 막대한 무게를 견뎌야 한다. 하지만 활엽수에겐 그런 사태를 막을 대비책이 없다. 물론 하늘에서 떨어지는 진짜 짐 폭탄은 눈이다. 그래도 그때는 잎이 없어 눈이 쌓이지 않고 그대로 땅에 떨어진다. 다행히 여름에는 눈이 내리지 않고, 또 보통의 빗물 양은 너도밤나무나 참나무도 문제없이 견딜 수 있다. 폭우가 내린다 해도 나무가 정상적으로 자랐을 경우엔 사실 별문제가 안 생긴다. 골치가 아플 때는 줄기나 큰 가지가 삐뚤게 자랐을 경우다. 대표적인 위험 사례가 소위 '불행의 들보'*다. 이름만 들어도 알 것 같지 않은가? 정상적인 가지는 활처럼 자란다. 줄기에서 솟아 나와 살짝 위로 뻗어 가다가 조금 더 자라면서 수평을 유지하고, 그런 다음에는 살짝 아래로 굽는다. 그래야 위에서 떨어지는 빗물의 무게를 완충시켜 부러지지 않는다. 이 원칙이 정말 중요하다. 늙은 나무의 경우 큰 가지의 길이는 10미터가 넘는다. 그래서 엄청난 지레 작용력이 발생하여 줄기에서 가지가 시작되는 부분을 세게 잡아당긴다. 그런데도 많은 나무들이 규칙을 따르지 않으려고 한다. 가지가 줄기에서 솟아났다가 활처럼 위로 올라가서는 그 방향을 계속 고수하는 것이다. 그 상태에서 가지가 아래로 휘면 완충 효과가 없어 그대로 부러지고 만다. 아래쪽 섬유

---

* 자체의 하중을 이기지 못해 길게 균열이 나 있어서 부러질 위험이 높은 가지를 말한다. 독일에서는 이런 나무가 있을 경우 사람이 다칠지 모르므로 그 앞에 표지판을 달아 표시를 하게 되어 있다.

가 (소위 외부 커브에서) 세게 눌리고 안쪽 섬유가 과도하게 늘어나기 때문이다. 줄기 전체가 잘못된 모양으로 생긴 경우도 많은데 이런 나무들은 대부분 폭우를 못 견디고 부러지고 만다. 결국 비이성적인 나무들을 과감하게 퇴출하는 혹독한 자연 도태의 현장에 다름 아니다.

어떤 땐 나무는 아무 잘못이 없는데 위에서 쏟아지는 압력이 너무 커서 일이 생기는 경우도 있다. 3월이나 4월에 솜털처럼 내린 눈이 엄청난 무게로 돌변할 때다. 위험의 정도는 눈의 크기로 가늠할 수 있다. 눈의 직경이 2유로짜리 동전의 직경*만큼 커지면 위험하다. 그 정도 크기의 눈은 물기를 많이 함유하고 대단히 끈적거리는, 이른바 습설이기 때문이다. 그런 눈은 떨어지지 않고 가지에 착 달라붙어 있기 때문에 차곡차곡 쌓이면 엄청난 무게가 된다. 크고 튼실한 나무는 큰 가지들이 많이 부러지는 수준에서 그치지만 엄마 나무 밑에서 아직 실컷 자라지 못한 청소년 나무들은 정말로 비극적인 운명을 맞게 된다. 작은 수관을 머리에 이고 대기 상태로 굼뜨게 자라는 중이기 때문에 아예 전체가 부러지거나 그렇지는 않다 해도 두 번 다시 똑바로 설 수 없을 정도로 심하게 휘어진다. 아주 어린 나무

---

* 약 2.5센티미터.

들은 또 괜찮다. 줄기가 너무 작기 때문에 부러질 위험이 없다. 다음번에 숲으로 산책을 가거든 한번 주의 깊게 살펴보라. 궂은 날씨 탓에 대책 없이 휘어져 버린 나무들은 대부분 어중간한 나이의 나무들일 테니.

서리는 눈과 비슷하지만 눈보다 훨씬 낭만적인 분위기를 연출한다. 물론 우리가 보기에 낭만적이라는 소리다. 숲 전체가 설탕물을 입힌 듯 반짝반짝 빛난다. 기온이 영하로 떨어졌는데 안개가 끼는 날, 미세한 고운 물방울들이 가지나 잎과 닿으면 곧바로 거기에 달라붙는다. 그렇게 몇 시간이 흐르면 눈은 하나도 안 내렸는데 숲 전체가 하얗게 변한다. 그런 날씨가 며칠씩 이어지면 심한 경우 수천 킬로그램의 서리가 나무 수관에 쌓인다. 그러다 갑자기 해가 환하게 나면 모든 나무가 동화 속 왕국처럼 눈부시게 반짝인다. 하지만 알고 보면 그 숲엔 위험할 정도로 허리가 휘는 나무들의 신음 소리가 넘쳐 난다. 특히 목질에 약한 부위가 있는 후보는 위험천만이다. 나무가 부러지면서 나는 탁 소리가 총성처럼 온 숲에 울리고 수관 전체가 허물어지면서 떨어져 내린다.

그런 날씨는 평균 10년에 한 번꼴로 찾아온다. 나무가 평생 동안 최대 50번 정도 그런 일을 겪는다는 소리다. 친구들과 모여 살지 않는 나무는 위험이 더 크다. 차가운 안개 속에 혼자

서 있는 외톨이는, 울창한 숲에서 친구들과 어울려 살아 위급하면 친구에게 기댈 수 있는 나무에 비해 쓰러질 확률이 훨씬 높다. 숲에선 차가운 바람이 불어도 대부분 수관 위쪽에서 스치고 지나가기 때문에 두꺼운 얼음이 어는 곳은 기껏해야 나무 꼭대기 정도로 그친다.

번개의 피해도 만만치 않다. 옛 속담에 숲에서 번개가 치면 "참나무 밑은 피하고 너도밤나무 밑을 찾아라"라는 말이 있다. 혹이 아주 많은 참나무의 줄기에 몇 센티미터 크기의 번개 맞은 자국이 있을 때가 많기 때문일 것이다. 그런 자국을 자세히 들여다보면 껍질이 저 안쪽 목질까지 파열되어 있다. 너도밤나무 줄기에선 한 번도 그런 경우를 본 적이 없다. 하지만 그것만 보고 너도밤나무는 번개를 절대 맞지 않는다는 결론을 내린다면 틀렸을 뿐 아니라 위험하기도 하다. 키 큰 너도밤나무 고목이 100퍼센트 안전한 번개의 피난처는 아니기 때문이다. 너도밤나무도 다른 나무들하고 똑같이 번개를 맞는다. 그런데도 거의 흔적이 남지 않는 건 무엇보다 매끈한 껍질 덕분이다. 천둥 번개가 치면 비가 오고, 파인 곳 없는 매끈한 줄기를 타고 흘러내리는 빗물이 막을 형성한다. 그런데 물은 나무보다 전기 전도율이 훨씬 높기 때문에 이 막의 표면으로 전기가 흐른다. 그와 달리 참나무는 껍질이 거칠다. 흘러내리는 물이 작은 폭포를 이루기 때문에 수백 개의 미니 폭포가 되어 바닥으로 떨어진다. 따라서 번개의 전류가 계속 끊기고 이 경우 최소 저항은 물의 수송을 담당하는 바깥 나이테의 젖은 목질에 있게 된다. 이것이 큰 에너지로 인해 갑자기 파열되고, 그런 파열의 흔적은 몇 년이 지나도 사라지지 않는다.

수입한 북미산 더글러스 전나무 역시 껍질이 거칠기 때문에 비슷한 모습을 띤다. 하지만 뿌리는 너도밤나무보다 훨씬 예민한 것 같다. 내 관리 구역에서 벌써 두 번이나 목격했다. 번개에 맞은 나무뿐 아니라 반경 15미터 안에 있던 친구들 열 그루가 함께 목숨을 잃었다. 아마도 번개에 맞은 나무와 뿌리가 연결되어 있어서 평소 양분을 나누던 뿌리가 치명적인 전류를 전달했던 것 같다.

번개가 심한 날은 화재가 발생하기도 한다. 언젠가는 한밤중에 우리 구역의 숲에서 작은 화재가 발생해 소방대원들이 출동한 적도 있다. 속이 빈 늙은 가문비나무가 번개를 맞았는데 폭우 덕분에 불길이 옆으로 번지지는 못하고 썩은 나무 안에서 위로 솟구쳤던 것이다. 주변 숲이 비로 젖어 있어서 옆 나무로 번질 확률은 거의 없었을 것이다. 실제로 이 땅의 숲에서 자연적으로 대형 화재가 발생하는 일은 거의 없다. 예전에는 활엽수가 대세였고, 활엽수는 송진이나 에테르 오일을 함유하지 않기 때문에 불이 붙을 일이 없다. 따라서 어떤 나무 종도 열기에 반응하는 메커니즘을 개발하지 않았다. 포르투갈과 스페인에 사는 코르크 나무는 예외적으로 화재에 대비한 대응책을 마련하였다. 이들 나무는 껍질이 두꺼워 땅에서 발생한 화재의 열기가 나무 속으로 들어올 수 없다. 따라서 그 밑에 숨어 있던 순이 죽지 않고 기다리다가 이듬해 봄이 되면 발아를 할 수 있다.

중부 유럽에서 화마의 제물이 될 곳은 여름에 뾰족 잎이 바짝 마르는 가문비나무와 소나무 숲뿐이다. 그런데 왜 침엽수들은 껍질과 잎에 그렇게 많은 가소성 물질들을 함유하고 있는 것일까? 자연적인 분포 지역에서도 그렇게 자주 화재가 발생한다면 알아서 불에 잘 타지 않도록 뭔가 조치를 취했어야 하지 않을까? 스웨덴 달라르나에 사는 최고령 가문비나무는 8000살이 훨씬 넘었다. 넉넉잡아 200년에 한 번씩 화재가 발생했다고 해도 절대 그 나이까지 살 수 없었을 것이다. 그러니까 문제의 원인은 나무가 아니라 조심성 없는 인간들이다. 인간들은 수천 년 전부터 이런저런 이유로 불을 피워 화재를 일으켰고 의도치 않게 숲의 파괴에 일익을 담당하였다. 낙뢰는 지역적으로 작은 화재를 일으키기는 하지만 발생 빈도가 워낙 낮기 때문에 유럽의 나무 종들은 거의 낙뢰에 대한 대비책을 마련하지 않았다. 산불이 났다는 뉴스가 들리거든 그 원인이 무엇인지 한번 눈여겨 살펴보라. 대부분 사람이다.

위험은 덜하지만 아픔은 더한 또 하나의 현상이 있다. 나 역시도 오랜 세월 전혀 눈치 채지 못했던 현상이다. 우리 관사는 해발 약 500미터의 산등성이에 있는데, 관사를 빙 둘러 흐르는 실개천은 숲에 전혀 해를 입히지 않는다. 하지만 큰 강의 경우 사정이 다르다. 강은 정기적으로 범람을 하기 때문에 강가에는 아주 특수한 생태계가 형성된다. 이름하여 강가의 숲이다. 그곳에 어떤 나무 종이 자리를 잡느냐는 홍수의 종류와 빈도에 달려 있다. 범람한 물의 유속이 빠르고 그 물이 연중 몇 달 동안 빠지지 않고 남아 있으면 버드나무와 포플러가 터를 잡는다. 발이 오래 젖어도 개의치 않는 종들이다. 대부분의 강 주변은 그런 상태이므로, 그런 곳의 숲은 이런 부드러운 나무들이 주를 이룬다. 거기서 멀리 떨어진 데다 고도도 몇 미터 더 높은 곳은 홍수가 거의 없기 때문에 봄에 눈이 녹으면서 큰 호수가 형성되어도 유속이 매우 느리다. 게다가 활엽수가 싹을 틔울 때쯤이면 물이 대부분 다시 빠지므로 참나무와 느릅나무가 살기에 아주 좋은 환경이다. 즉 버드나무나 포플러와 달리 여름 홍수에 아주 민감하게 반응하는 딱딱한 나무 숲이다. 이런 나무 종들은 홍수가 나면 평소 그렇게 건강을 자랑하다가도 금방 뿌리가 숨을 못 쉬고 죽어 버린다.

하지만 강으로 인한 피해가 정말로 심한 계절은 오히려 겨울이다. 엘베Elbe 강 중류 지역의 딱딱한 나무 숲에 견학을 간 적이 있다. 놀랍게도 숲에 사는 모든 나무줄기의 껍질이 파열되어 있었다. 게다가 해를 입은 지점의 높이도 전부 똑같았다. 땅에서 대략 2미터 지점이었다. 지금껏 그런 광경을 본 적이 없었던 터라 나는 대체 이유가 무엇일까 고민했다. 다른 참가자들도 나와 같은 마음이었는데 결국 보호 구역의 직원에게서 답을 들을 수 있었다. 상처는 얼음 때문이었다. 혹독한 겨울에 엘베 강이 얼면 두꺼운 얼음덩어리가 형성된다. 그러다 봄이 되어 기온이 올라가면 그 얼음덩어리가 불어난 물을 타고 참나무와 느릅나무들 사이로 떠다니다가 나무줄기에 부딪힌다. 강의 수위가 어디나 동일하기에 부딪혀 생긴 나무의 상처도 모두 같은 높이인 것이다.

지구 온난화로 엘베 강의 얼음 역시 언젠가는 과거의 유물이 되고 말 것이다. 그렇지만 20세기 초부터 온갖 기후의 변덕을 견뎌 온 늙은 나무들은 줄기의 흉터로 그 지난날을 오래오래 기억할 것이다.

새 식구

나무의 이동으로 숲도 계속 변화를 겪는다. 숲만이 아니다. 자연 전체가 쉴 새 없이 바뀐다. 때문에 특정한 풍경을 보존하려는 인간의 노력은 대부분 좌절을 겪고 만다. 지금 우리 눈앞에 펼쳐진 광경은 겉보기에만 정지된 짧은 에피소드에 불과하다. 물론 숲에 들어가면 누구나 모든 것이 정지된 듯한 착각에 빠진다. 나무는 우리 주변에서 가장 느린 친구들이기에 자연의 숲에서 변화를 관찰할 수 있으려면 정말로 긴 세월이 필요하다. 이런 변화 중 하나가 새 식구의 등장이다. 예전에는 주로 학자들이 연구 목적으로 다른 나라의 식물을 고향으로 들여왔지만, 요즘엔 산림 경영을 이유로 제 발로는 우리 땅에 오지 못했을 온갖 외국 나무 종들이 대량으로 수입된다. '더글러스 전나무', '일본 낙엽송', '자이언트 전나무'* 같은 이름들은 우리 민요나 시에 등장하는 법이 없다. 아직 우리의 사회적 기억에 닻을 내리지 못했기 때문이다. 이 이민자들은 숲에서도 특별한 위치를 차지한다. 제 발로 이동하여 우리 땅을 찾아온 나무 종들과 달리 이것들은 주변 생태계를 다 버리고 혼자 우리 곁으로 왔다. 씨앗만 수입되었기 때문에 고향에서 함께 살던 균류와 곤충들을 그곳에 두고 홀로 떠나온 것이다. 더글러스 전나무는 새 출발에 완벽하게 성공한 사례다. 이럴 경우 장점이 많은데, 기생 생물로 인한 질병에서—적어도 몇십 년 동안은—완전히 해방될 수 있다. 우리가 남극으로 이주할 경우에도 비슷한 상황을 경험하게 된다. 그곳의 공기는 거의 무균 상태이고 먼지도 없기 때문에 알레르기 환자에게는 특효약이다. 그러니 인간의 도움으로 순식간에 지구 반대편으로 이동한 나무들 역시 대탈주에 성공한 죄수의 기분일 것이다. 뿌리를 돕던 균류 파트너는 특정 나무를 편애하지 않는 종들 중에서 고르면 그뿐이다. 그래서 이들은 유럽의 숲에서 건강을 뽐내며 거대한

---

* 또는 그랜드 전나무Abies grandis.

나무로 성장한다. 그것도 단시간 내에 말이다. 그 모습을 본 사람들이 외국 종이 토종 나무보다 우월하다는 인상을 받는 것도 놀랄 일은 아니다. 적어도 몇몇 산지에서는 그런 현상이 일어난다. 자기 발로 이동한 나무 종들은 살기가 편한 곳에서만 뿌리를 내릴 수 있다. 기후뿐 아니라 토양과 습도도 맞아야 기존의 종들과 맞서 싸우며 자신의 입지를 굳힐 수 있다. 하지만 사람들이 억지로 숲에 데려온 나무들은 룰렛 게임장에 온 것과 같다. 늦게 꽃을 피우는 귀룽나무는 북미에서 온 활엽수다. 그곳에서 멋들어진 줄기와 최고의 목질로 사랑받는 나무다. 당연히 유럽의 산림 관계자들이 보고 탐을 냈을 만하다. 하지만 막상 유럽으로 데려와 몇십 년을 키우고 보니 실망이 이만저만이 아니었다. 줄기가 휘고 삐뚤삐뚤하게 자라는 데다 키도 20미터를 채 넘지 못해 독일 동부와 북부의 소나무들 밑에서 골골거렸다. 그래도 완전히 멸종되지는 않았는데, 순이 너무 써서 노루나 사슴이 외면했기 때문이다. 짐승들은 너도밤나무나 참나무만 찾고, 궁할 경우 소나무의 순을 뜯어 먹는다. 덕분에 귀찮은 경쟁자들을 물리칠 수 있게 된 귀룽나무는 이제 와 점점 널리 퍼져 나가고 있다. 더글러스 전나무 역시 아직은 미래를 예측하기 힘들다. 나무를 이식한 지 100년이 넘은 지금, 압도적인 거인으로 자라 위용을 뽐내는 곳들도 적지 않다. 하지만 일찍부터 벌목해 버릴 수밖에 없었던 지역도 많다. 나도 실습 기간 동안 직접 목격한 적이 있다. 더글러스 전나무 숲이 40년도 안 돼 말라 죽기 시작했던 것이다. 학자들은 오랫동안 원인을 두고 고심했다. 균류는 아니었고 곤충도 아니었다. 결국 토양에 망간이 너무 많은 것이 원인으로 밝혀졌다. 더글러스 전나무가 과도한 망간을 견딜 수 없었던 것이다. 사실 엄밀히 따지면 '더글러스 전나무'란 존재하지 않는다. 그것이 유럽으로 수입된 전혀 다른 성질의 다양한 속들을 총칭하는 개념이기 때문이다. 그것들 중에서 유럽의 환경과 가장 잘 맞는 종은 태평양 연안이 원산지인 나무들이다. 그런데 그 나무들의 유전자가 바다와 먼 곳에서 자라던 내륙 지방 더글러스 소나무들의 유전자와 뒤섞였다. 그것도 모자라 두 속이 활발하게 서로 교배를 하여 후손을 낳았는데, 개체마다 각 속의 성질이 예측 불가능할 정도로 제멋대로 등장한다. 안타깝게도 나무가 건강한지의 여부는 마흔 살이 되어야 비로소 알 수 있다. 건강한 개체들은 청록빛 뾰족 잎과 울창한 수관을 뽐낸다. 그러나 내륙 종의 유전자가 너무 많이 들어간 후손은 줄기에서 진이 나오기 시작하고 잎의 양이 많지 않다. 자연이 잔혹한 수정 작업에 돌입하는 것이다. 유전적으로 적응하지 못하는 생명은 도태되고 만다. 비록 그 과정이 몇십 년에 걸쳐 진행된다 해도 결국엔 숲에서 쫓

겨나고야 만다.

우리의 토종 너도밤나무는 이 외국의 침입자를 무난하게 물리칠 수 있다. 참나무를 쫓아낼 때와 같은 전략을 구사하면 된다. 무엇보다 큰 나무 아래 짙은 그늘에서도 잘 자랄 수 있는 능력이 더글러스 전나무를 상대하는 데 막강한 힘이 되었다. 더글러스 전나무의 아기들은 빛이 없으면 살지 못하기 때문에 토종 활엽수의 유치원에서 오래 버티지 못한다.

진짜 위험한 경우는 유전적으로 토종과 아주 가까운 외래종이 등장했을 때다. 대표적인 경우가 유럽에 건너온 일본 낙엽송이다. 원래 유럽 종은 삐뚤삐뚤 자라고 성장 속도도 빠르지 않기 때문에 사람들이 지난 몇백 년 동안 그 자리를 일본 낙엽송으로 대체하였다. 더구나 두 종은 교배도 쉬워 이내 교배종이 탄생하였다. 이렇게 가다가는 먼 훗날 언젠가는 순수 유럽 종이 사라질지도 모른다. 내 관리 구역에도 그런 교배종 한 그루가 있다. 두 종이 자연적으로 뿌리를 내리고 살던 지역이 아닌데도 말이다. 비슷한 운명에 처할 위험이 높은 또 한 후보는 검은포플러Populus nigra다. 이것들의 유전자가 캐나다산 포플러 종과 교배시킨 잡종 포플러와 마구 섞이고 있다.

하지만 대부분의 종들은 토종 나무에게 별 위협이 되지 않는다. 인간이 손만 대지 않으면 대부분 늦어도 200년 후엔 다시 조용히 사라진다. 설사 인간이 손을 댄다 해도 수입 종들의 생존 가능성은 장기적으로 볼 때 의문스럽다. 그 종의 기생 생물들도 역시나 글로벌 상품 교역의 경로를 이용하기 때문이다. 물론 그런 것들을 적극적으로 수입하는 사람은 없다. 누가 해충을 수입하겠는가? 하지만 대서양과 태평양을 횡단하는 목재를 타고 균류와 곤충들도 이 땅에 발을 디뎠다. 해충 박멸을 위해 가열하라는 규정을 어긴 포장재가 원인인 경우도 많다. 해외에서 개인이 사 온 물건에도 살아 있는 곤충이 들어 있을 때가 있다. 나도 직접 경험한 적이 있다. 나는 취미 삼아 인도의 일상 용품을 수집하는데 한번은 낡은 가죽신을 구입했다. 집에 와서 가죽신을 싼 신문지를 푸는데 작은 갈색 하늘소 몇 마리가 기어 나왔다. 나는 얼른 그놈들을 잡아 눌러 죽인 다음 쓰레기통에 버렸다. 죽였다고? 자연보호주의자의 펜 끝에서 나올 소리는 아닌 것 같다고?

내가 데려온 곤충들이 이곳에서 터를 잡을 경우 외국 나무 종뿐 아니라 토착 나무 종에게도 치명적인 위험을 안길 수 있다. 그 종은 아시아에 사는 유리알락하늘소Anoplophora glabripennis다. 아마 중국에서 수입한 포장 목재에 들어가서 우리 땅으로 들어오는 것 같다. 이 하늘소는 몸통의 길이가 3센티미터인데 더듬이의 길이는 6센티미터다. 검은색 몸통에 흰 반점이 찍혀 있는 것이 참 예쁘다. 하지만 유럽에 사는 활엽수들에겐 그리 매력적인 존재가 아니다. 나무껍질의 작은 틈에 알을 낳기 때문이다. 알에서 깨어난 유충은 줄기에 엄지손가락 두께의 구멍을 판다. 그럼 줄기가 균류에 감염될 것이고, 결국 견디지 못하고 부러지고 만다. 지금까지 이 하늘소는 주로 도시 지역에 집중 분포되어 안 그래도 힘든 도시 나무들의 삶을 더 고단하게 만들었다. 이것들이 숲으로 들어가서도 널리 번식할지는 아직 미지수다. 하늘소가 워낙 게을러 태어난 곳에서 반경 몇백 미터 밖으로는 도통 나가지 않기 때문이다.

아시아에서 유럽을 찾은 또 한 종의 손님은 하늘소와 달리 무척 부지런하다. 그 주인공은 흰술잔고무버섯Hymenoscyphus pseudoalbidus으로, 현재 유럽에 사는 대부분의 서양물푸레나무들을 죽이려 한다. 겉으로 드러난 자실체*는 그냥 귀엽게 생긴 작은 버섯으로, 떨어진 잎의 잎자루에서 성장한다. 하지만 진짜 균사체는 나무에서 번성하여 가지를 차례차례 죽인다. 아직까지는 그래도 많은 물푸레나무가 공격을 견디고 살아남은 것처럼 보이지만 앞으로도 실개천이나 강을 따라 늘어선 서양물푸레나무의 숲을 볼 수 있을지는 장담하기 힘들다. 이와 관련하

* 균류의 홀씨를 만들기 위한 영양체.

여 나는 우리 같은 산림경영지도원들도 해충의 전파에 기여하는 것은 아닌지 고민스럽다. 나만 해도 독일 남부에 가서 피해가 심각한 숲을 견학하고는 곧바로 우리 관리 구역으로 달려간다. 같은 신발을 신고서! 신발 밑창에 작은 균류의 포자가 숨었다가 우리 구역으로 따라올 수도 있지 않을까? 어쨌든 그사이 휨멜에서도 첫 희생자들이 나왔다. 서양물푸레나무들이 쓰러진 것이다.

그럼에도 나는 우리 숲의 미래를 걱정하지 않는다. 큰 대륙(유럽 대륙은 지구에서 가장 큰 대륙이다)에 사는 생물종이라면 항상 새내기들과 대결할 수밖에 없다. 철새와 태풍이 쉬지 않고 새 나무 종의 씨앗과 균류의 포자, 작은 생물을 깃털에 품어 데리고 온다. 수령이 500살인 나무라면 이미 몇 번은 그런 깜짝 놀랄 만한 사건들을 겪었을 것이다. 그리고 한 나무 종 안에서도 유전자의 다양성이 실로 크기 때문에 새로운 도전에 해답을 찾아낼 개체들은 항상 충분하다. 새들 중에도 인간의 도움 없이 건너온 그런 '자연적' 새 식구들이 있다. 1930년대에 지중해권에서 독일로 날아온 염주비둘기Streptopelia decaocto가 대표적이다. 흰배지빠귀Turdus pilaris는 검은 반점이 찍힌 회갈색 새로, 200년 전 북동쪽에서 점점 서쪽으로 이동하여 현재 프랑스에 당도하였다. 그것들의 깃털에 묻어 온 생명체가 어떤 놀라운 이벤트를 준비하고 있을지 과연 누가 짐작이나 할 수 있겠는가.

토종 숲 생태계가 그런 변화에 맞서 건강한 모습을 유지할 수 있으려면 인간이 함부로 손을 대지 말아야 한다. 사회 공동체가 완벽할수록, 숲의 미기후가 안정될수록 이국의 침입자들이 발을 내리기가 힘들어질 테니 말이다. 대표적인 사례가 요즘 한창 뉴스에 오르내리는 식물들이다. 예를 들어 만테가지아눔어수리가 있다. 이 식물은 원래 캅카스 산맥의 서쪽 지역에 살던 것으로 키가 3미터 이상이다. 0.5미터에 이르는 흰 꽃이 예뻐서 19세기부터 중부 유럽 사람들이 수입을 했다. 이것들이 식물원을 탈출하더니 신나게 넓은 초지로 뻗어 나갔다. 그런데 이것의 수액은 피부에 닿아 자외선 광선과 만나면 화상과 비슷한 상처가 생기므로 아주 위험하다. 해마다 이 식물을 뽑아 없애기 위해 엄청난 예산을 투입하지만 큰 성과가 없다. 만테가지아눔어수리가 이렇게 왕성한 번식을 할 수 있는 이유는 개울과 강가에 펼쳐져 있던 물가 숲이 사라졌기 때문이다. 숲이 돌아오면 나무가 해를 가릴 것이고 그럼 만체가지아눔어수리는 빛을 보지 못해 절로 죽을 것이다. 히말라야가 고향인 히말라야물봉선Impatiens glandulifera과 아시아가 고향인 호장근Fallopia japonica 역시 나무를 대신하여 물가를 점령하였다. 이것들 역시 나무가 돌아오면 흙으로 돌아갈 것이다. 인간이 나무에게 맡겨 두면 모든 문제는 절로 해결된다.

이렇게 토종이 아닌 외래종들을 소개하다 보니 문득 과연 '토종'이 무엇일까 하는 의문이 든다. 흔히 우리는 우리 국경선 내에 자생하는 종을 토종이라고 부른다. 동물의 경우 1990년대 이후 중부 유럽 대부분의 국가에 다시 출몰하여 동물 세계의 고정 멤버로 자리 잡은 늑대가 대표적인 토종이다. 이탈리아와 프랑스, 폴란드에선 그 이전부터도 자주 출몰했다. 따라서 늑대는 유럽의 모든 국가는 아니지만 어쨌든 유럽에서 아주 오래전부터 살아온 토종 동물이다. 그런데 이렇게 말하면 토종을 가르는 범위가 너무 넓은 것 아닐까? 흔히 쇠돌고래Phocoenidae는 독일 토종이라고 말하지만 사실 오버라인Oberrhein*도 쇠돌고래의 주거지 아닌가? 한마디로 무의미한 정의인 것이다. 토종이라고 말하려면 공간이 훨씬 더 작아야 할 것이며 인간이 그어 놓은 국경선이 아닌 자연 공간을 기준으로 삼아야 할 것이다. 그 자연 공간은 각자의 설비(물, 토양, 지형)와 지역의 미기후로 구분될 것이다. 이런 조건이 특정 나무 종에게 최적일 경우 그곳에 그 나무 종이 자리를 잡았을 것이다. 그 말은 가문비나무가 바이에른 숲의 고도 1만 2000미터 높이에서

* 바젤과 빙엔 사이의 350킬로미터에 이르는 라인 강 구간으로, 프랑스 알자스, 독일 서부의 바덴뷔르템베르크, 라인란트팔츠, 헤센과 스위스 바젤과 인접하다.

는 자생하지만 그곳보다 고도가 400미터 더 낮고 1킬로미터 떨어진 곳에서는 토종이라고 불러서는 안 된다는 의미다. 그곳에선 너도밤나무와 전나무가 주도권을 쥐고 있으니 말이다. 그래서 전문가들은 '자생'이라는 개념을 도입하였는데, 그 말은 어떤 종이 그곳에 자연적으로 거주하게 되었다는 의미다. 넓은 공간을 대상으로 하는 우리의 국경선과 달리 종의 국경선은 지방 분권과 같다. 인간이 그 사실을 무시하고 가문비나무와 소나무를 따뜻한 저지로 가져가면 그 침엽수들은 그곳의 생태계를 교란시키는 외래종이 되어 버린다. 내가 좋아하는 대표적인 사례도 이런 경우로, 바로 홍개미다. 홍개미는 자연 보호의 아이콘으로, 곳곳에서 이것들을 보호하기 위해 많은 노력을 기울이고, 혹시 문제라도 생기면 엄청난 비용을 들여 이주를 시키기도 한다. 하지만 아무도 그런 비용에 이의를 제기하지 못한다. 멸종 위기에 처한 동물 종이니까. 멸종 위기라고? 그렇지 않다. 홍개미도 외래종이다. 침엽수 목재 경영의 밧줄을 타고 가문비나무와 소나무를 따라 이곳으로 왔다. 홍개미는 침엽수의 잎을 좋아한다. 침엽수의 뾰족 잎이 없으면 무리를 이룰 수 없기 때문이다. 그것만 봐도 홍개미가 원래 중부 유럽의 토종 활엽수 숲에서는 나올 수 없는 종이라는 것을 알 수 있다. 게다가 홍개미는 햇빛을 좋아한다. 적어도 하루 몇 시간은 집에 해가 들어야 한다. 쌀쌀한 봄과 가을에는 따뜻한 빛줄기가 조금 만 더 집에 들어도 활동 일수가 며칠씩 늘어난다. 그러니 어두운 활엽수 숲은 홍개미의 생활 공간이 될 수 없다. 넓은 면적에 가문비나무와 소나무를 잔뜩 심어 준 산림경영지도원들이야말로 홍개미들에겐 생명의 은인 같은 존재가 아닐 수 없다.

숲 공기는 건강에 좋다?

숲 공기는 건강의 상징이다. 그래서 가슴 저 밑바닥까지 시원하게 숨을 들이켜고 싶거나 좋은 공기에서 운동을 하고 싶을 땐 숲으로 들어간다. 다 그럴 만한 이유가 있다. 숲의 공기는 실제로 청정하다. 숲이 거대한 여과 장치의 기능을 하기 때문이다. 나뭇잎은 항상 기류 속에 서 있기 때문에 떠다니는 입자들을 낚아챈다. 그 양이 연간 제곱미터당 최고 7000톤에 이른다.[51] 이유는 수관을 형성하는 넓은 표면이다. 초지와 비교할 때 그 면적이 100배 더 넓은데, 이는 풀과 나무의 크기 차이만 봐도 알 수 있는 사실이다. 검댕 같은 유해 물질은 물론이고 땅에서 올라오는 먼지와 꽃가루도 여과 대상이다. 물론 인간이 만들어 내는 유해 물질을 따라갈 장사는 없다. 산, 독성 탄화수소, 질소 화합물이 우리네 부엌 레인지 후드 여과 장치에 걸린 기름처럼 나무 밑으로 집중적으로 모여든다.

나무는 나쁜 물질을 여과할 뿐 아니라 좋은 것을 공기에 첨가해 주기도 한다. 여러 가지 향기 물질들인데, 당연히 앞에서 소개한 피톤치드도 포함된다. 물론 나무의 종에 따라 차이가 크다. 침엽수림의 공기는 세균이 눈에 띄게 적어서 특히 알레르기 환자들이 숨 쉬기 편하다. 하지만 같은 침엽수라 해도 원래 살지 않던 지역으로 옮겨 심은 경우는 다르다. 고향이 아닌 곳으로 끌려온 침엽수들은 심각한 문제를 겪는다. 억지로 끌려온 곳이 대부분 저지인데, 침엽수가 살기엔 너무 건조하고 너무 덥다. 따라서 그런 침엽수림의 공기엔 먼지가 많다. 여름에 그런 숲에 들어가면 역광에 비친 먼지들이 풀풀 날아다닌다. 이렇듯 목이 말라 허덕이는 침엽수들을 나무좀이 가만히 두고 볼 리 없다. 급해진 나무들이 허겁지겁 향기 물질을 내뿜는다. 도와달라고 비명을 지르며 화학적 방어 물질을 뿜어내는 것이다. 숲에 들어간 당신은 숨을 쉴 때마다 그 모든 것들을 폐로 들이마신다. 그럼 당신도 나무의 비상 상태를 무의식적으로 깨닫게 되지 않을까? 위험에 처한 숲은 불안정하여 사람이 살기

적합한 생활 공간이 아니다. 석기 시대 우리 선조들은 항상 최적의 거처를 찾아다녔으므로 주변 환경의 상태를 본능적으로 파악하는 능력을 길렀다. 과학적 연구 결과도 그 사실을 입증한다. 침엽수림을 찾은 사람들은 혈압이 올라가지만 참나무 숲에 들어간 사람들은 혈압이 안정적으로 떨어진다.[52] 직접 실험을 한번 해보라. 어떤 유형의 숲이 자신에게 맞는지 알 수 있을 것이다.

나무의 언어가 우리와도 무관하지 않다는 사실은 최근 들어 학계의 주목을 받기도 했다.[53] 한국의 학자들이 중년 여성들을 대상으로 실험을 실시하였다. 여성들 일부는 숲을, 일부는 도심을 걷게 하였다. 그 결과 숲을 걸은 여성들은 혈압, 폐 용량, 혈관의 유연성이 좋아졌지만 도심을 거닌 여성들은 전혀 변화가 없었다. 피톤치드는 병균을 죽이기 때문에 우리의 면역 체계에도 긍정적 영향을 미치는 것 같다. 하지만 내 개인적으로는 왁자지껄한 나무의 언어 칵테일 역시 우리가 숲에 들어가면 몸과 마음이 편안해지는 이유 중 하나라고 생각한다. 내 관리 구역의 활엽수림을 찾은 사람들은 하나같이 가슴이 탁 트이고 집에 온 듯 편안하다고 말한다. 하지만 침엽수림에 들어간 사람들은 그런 기분을 느끼지 못한다. 중부 유럽의 침엽수림은 대부분 사람의 손으로 조성되어 허약한 인공 삼림이기 때문이다. 아마 너도밤나무 숲에는 '경고의 외침'이 적고 나무들끼리 행복의 메시지를 더 많이 주고받기 때문일 것 같다. 그 향기의 메시지가 코를 통해 우리 뇌까지 전달되는 것이다. 우리는 본능적으로 숲의 건강을 알아차릴 수 있다. 나는 그렇다고 확신한다. 직접 시험해 보라.

흔히 숲의 공기엔 산소가 많다고 생각하지만 그건 착각이다. 산소는 광합성을 통해 생산되며 이산화탄소가 분해되면서 방출된다. 여름날 하루 동안 나무들이 대기 중으로 뿜어내는 산소의 양은 제곱킬로미터당 약 1만 킬로그램이다. 이 정도면 하루 약 1킬로그램인 인간의 산소 소비량으로 따져 볼 때 정말로 많은 사람들이 동시에 소비할 수 있는 양이다. 숲 속을 거니는 사람들 모두가 산소로 샤워를 하는 것과 다름없다. 하지만 그건 낮 동안의 이야기다. 나무가 탄수화물을 생산하는 이유는 목질에 저장하려는 것도 있지만 배고픔을 달래기 위한 목적도 있다. 인간과 마찬가지로 당분은 세포에서 소비되어 에너지와 이산화탄소로 되돌아간다. 낮 동안은 산소가 넘쳐 나기 때문에 이런 활동이 공기에 전혀 영향을 주지 않는다. 하지만 밤이 되면 광합성이 멈추고 이산화탄소의 분해도 중지된다. 깜깜한 어둠 속에서 생산은 중지되고 소비만 계속된다. 세포의 화력 발전소에서 당분을 태워 엄청난 양의 이산화탄소를 방출한다. 그래도 너무 걱정할 필요는 없다. 밤에 숲에 들어가 산책을 한다고 해서 질식해서 죽지는 않을 테니까 말이다. 밤에도 기류는 멈추지 않아 모든 가스가 잘 섞이기 때문에 바닥층에서도 산소 부족이 심각해지지 않는다.

나무는 어떻게 호흡을 할까? '폐'의 일부는 우리 눈으로도 볼 수 있다. 바로 나뭇잎이다. 잎의 아랫면에는 작은 입처럼 생긴 미세한 틈이 있다. 나무는 이곳으로 산소를 배출하고 이산화탄소를 흡수한다. 물론 밤에는 거꾸로 이산화탄소를 배출하고 산소를 흡수한다. 나뭇잎에서 줄기를 거쳐 뿌리까지는 아주 먼 길이다. 따라서 뿌리도 호흡을 할 수 있다. 그러지 않으면 활엽수는 겨울이 되자마자 죽고 말 것이다. 땅 위의 폐를 다 떨어뜨린 상태이니 말이다. 그래도 나무는 계속 살아야 하고 심지어 뿌리는 성장을 계속해야 하므로 저장해 둔 양분으로 에너지를 생산해야 하며 그러자면 산소가 필요하다. 이런 이유에서 줄기 주변의 흙이 너무 다져져 공기가 들어갈 구멍이 막히면 나무에겐 치명적 사태가 발생한다. 일부일망정 뿌리가 숨을 못 쉬어 질식할 것이고 나무가 병이 든다.

밤의 호흡으로 돌아가 보자. 어둠 속에서 힘차게 이산화탄소를 뿜는 것은 나무만이 아니다. 떨어진 잎과 죽은 나무, 썩어 가는 식물의 사체 속에서 하루 내내 미세한 곤충과 균류,

박테리아 들이 신나게 파티를 벌이고, 이용 가능한 것은 모조리 소화해 부식토로 만든 다음 다시 배출한다. 겨울이 되면 사정은 더 악화된다. 나무들이 겨울잠을 자기 때문에 낮에도 산소가 희박한테 땅 밑에선 모두들 여전히 열심히 일을 해 댄다. 어찌나 열심히 일을 하는지 아무리 매서운 추위가 닥쳐도 땅에서 5센티미터 이하로는 얼지 않을 정도다. 그래서 겨울 숲은 위험할까? 구원의 천사는 쉬지 않고 신선한 바닷바람을 대륙으로 데려다주는 기류다. 바다의 소금물에는 수없이 많은 해조류들이 살고 있는데, 이것들이 사시사철 물속 산소를 물 밖으로 뿜어낸다. 그 산소가 숲의 공기를 정화해 주기 때문에 눈에 덮여 하얀 너도밤나무나 가문비나무 밑에서도 우리는 편히 숨을 쉴 수 있다.

잠 이야기가 나와서 말이지만 나무에게도 그런 것이 필요할까? 나무를 아끼는 마음에서 나무가 더 많은 당분을 생산할 수 있도록 밤에도 계속 빛을 비춰 주면 어떻게 될까? 지금까지의 연구 결과로 보면 그리 좋은 생각은 아니다. 나무도 우리와 똑같이 쉴 수 있는 시간이 필요하며, 그 시간을 빼앗을 경우 인간처럼 치명적인 결과가 발생한다. 1981년 『다스 가르텐암트*Das Gartenamt*』지의 한 기고문을 보면 미국 도시에서 말라 죽는 참나무의 4퍼센트가 야간 조명 때문이라고 한다. 그럼 긴 겨울잠을 못 자게 하면? 숲을 사랑하는 몇몇 사람들이 자발적으로 이 질문의 대답을 찾아 실험을 실시하였다. 앞서 '겨울잠' 장에서도 잠깐 그에 대해 소개한 바 있다. 이들은 어린 참나무 혹은 너도밤나무를 집으로 데려와서 화분에 심은 다음 창턱에 올려 두었다. 다 알다시피 우리네 거실은 겨울에도 적정한 온도를 유지한다. 따라서 대부분의 아기 나무들이 쉴 틈 없이 위만 보고 계속 올라간다. 하지만 언젠가는 수면 부족이 대가를 요구할 것이고 결국 싱싱해 보이던 식물이 말라 죽고 만다. 이제 당신은 이렇게 항변할지도 모르겠다. 요즘 같은 세상에 겨울다운 겨울이 어디 있느냐? 어떤 해엔 겨울 내내 영하로 내려가는 날이 하루도 없을 때도 있는데. 하지만 가만히 생각해 보라. 겨울다운 겨울이 없어도 활엽수는 잎을 떨구고 봄이 되면 다시 새잎을 피운다. 앞에서도 말했듯 낮의 길이를 재기 때문이다. 그건 창가에 놓아둔 화분의 나무도 할 수 있지 않을까? 아마 그럴 것이다. 우리가 난방을 끄고 겨울밤을 어둡게 보낸다면 말이다. 하지만 21도의 쾌적한 온도와 환한 백열등을 누가 포기하겠는가? 스위치만 올리면 인공의 여름이 마법처럼 찾아올 텐데 말이다. 중부 유럽의 숲에서 자라는 그 어떤 나무도 그런 영원한 여름을 견디지는 못할 것이다.

숲은 왜 초록일까?

왜 동물보다 식물을 이해하기가 더 힘이 들까? 아주 초기부터 초록 식물들과 우리를 갈라놓은 진화의 역사 때문이다. 식물은 모든 감각이 우리와 전혀 다르게 배열되어 있기 때문에 지금 나무에서 무슨 일이 벌어지고 있는지 짐작이라도 하려면 갖은 상상력을 총동원해야 한다. 색깔 감각이 대표적인 사례다. 나는 눈이 부시게 푸른 하늘과 진초록의 나무 우듬지가 한데 어우러진 풍경을 사랑한다. 그야말로 전원적인 자연 풍경 아닌가. 그런 환경에 있을 때 가장 마음이 푸근하고 행복하다. 그런데 나무도 그 풍경을 나와 똑같이 보고 똑같이 느낄까? 아마 그렇기도 하고 아니기도 할 것이다. 푸른 하늘, 뜨거운 태양, 그것은 너도밤나무와 가문비나무도 나처럼 쾌적하게 느낄 것이다. 하지만 파란 색깔을 낭만적이라거나 아름답다고 느끼기보다는 '뷔페가 개장했다'는 출발의 신호로 해석할 것이다. 구름 한 점 없는 파란 하늘은 최고의 빛 강도를 의미하며, 따라서 광합성을 하기에 최적의 조건을 뜻한다. 이제 있는 힘을 다해 최고의 능률을 올려야 할 때이므로 파랑은 곧 고단한 노동을 의미한다. 나무는 열심히 이산화탄소와 물을 당분과 셀룰로오스, 기타 탄수화물로 가공하여 두둑이 배를 채울 것이다.

반면 초록은 전혀 다른 의미를 띤다. 하지만 그 전형적인 식물의 색깔을 살펴보기 전에 우선 이런 의문이 든다. 왜 세상은 이렇게 다채로울까? 햇빛은 희다. 반사되어도 희다. 그런데 왜 이 세상은 병원처럼 위생적인 느낌이 드는 깨끗한 풍경이 아닐까? 그건 모든 물질이 다양한 방식으로 빛의 일부를 삼키거나 다른 방사선 물질로 바꾸기 때문이다. 그래서 남은 파장만 반사되고 우리 눈이 그것을 흡수하는 것이다. 그러므로 생명체와 사물의 색은 반사된 빛의 색깔이 결정한다. 나무의 경우 그 색이 초록이다. 왜 검정이 아닐까? 왜 나무는 모든 빛을 다 삼키지 않는 것일까? 나뭇잎에선 엽록소 때문에 빛이 바뀐다. 나무가 모든 빛을 다 활용한다면 남는 것이 거의 없을 것이고 숲은 낮에도 깜깜할 것이다. 하지만 엽록소에는 '초록의 틈'이 있어서 나무가 그 색깔은 이용하지 못한 채 그대로 반사할 수밖에 없다. 이런 약점 덕분에 우리는 이 엽록소의 찌꺼기를 볼 수 있는 것이고, 따라서 거의 모든 식물이 진초록으로 보이는 것이다. 결국 초록은 나무가 쓸 수 없는 빛의 폐기물, 할인 품목이다. 우리에겐 아름답지만 숲에게는 아무짝에도 쓸모없는 무용지물이다. 우리가 자연을 좋아하는 이유가 쓰레기를 반사하기 때문이라고? 나무도 그렇게 생각할지는 모르겠다. 확실한 것은 적어도 파란 하늘을 바라보는 행복한 심정은 굶주린 너도밤나무나 가문비나무가 나하고 똑같다는 것이다.

엽록소에 있는 색깔의 틈은 다른 현상의 원인이기도 하다. 바로 초록의 그늘이다. 너도밤나무는 기껏해야 햇빛의 3퍼센트만 땅으로 내려보낸다. 따라서 숲의 바닥은 낮에도 거의 깜깜해야 한다. 그런데 막상 숲에 들어가 보면 그렇지가 않다. 빛이 부족해 다른 식물들이 거의 자랄 수는 없지만 한 치 앞이 안 보일 정도로 깜깜하지는 않다. 그늘이 색에 따라 다르기 때문이다. 빨강과 파랑 같은 대부분의 색은 위쪽 수관에서 걸러져 밑으로 거의 내려오지 못하지만 '폐기물 색깔' 초록은 거기에 해당하지 않는다. 나무들이 초록을 쓸 수 없기 때문에 그중 일부가 바닥까지 내려온다. 따라서 숲에는 초록의 어스름이 깔리고, 그 색이 인간의 마음을 어루만지는 것이다.

우리 정원에 서 있는 너도밤나무 한 그루는 색깔이 빨갛다. 내 전임자가 심은 나무인데 그사이 키 큰 어른이 되었다. 하지만 나는 그 나무가 병이 든 것처럼 보여서 별로 좋아하지 않는다. 공원에 가면 잎이 빨간 나무들을 자주 만난다. 따분한 초록 세상에서 그런 나무들이 분위기를 바꾸어 주기 때문이다. 붉은 유럽너도밤나무Fagus sylvatica purpurea와 노르웨이단풍Acer platanoides이 대표적인 수종인데 나는 별로 호감을 느낄 수 없다. 실은 호감을 느낄 수 없는 정도가 아니라 몹시 마음이 아프다. 그것들의 특이한 외모는 장점이 아니라 단점이기 때문이다. 그런 현상의 원인은 신진대사 장애다. 갓 생긴 어린 나뭇잎은 정상적인 나무의 경우도 살짝 붉다. 부드러운 조직에 일종의 선크림이 함유되어 있기 때문이다. 그 선크림이 바로 안토시안인데, 자외선을 차단하여 잎을 보호한다. 그러다 잎이 더 자라면 효소 때문에 이 물질이 사라진다. 그런데 일부 너도밤나무와 단풍나무가 유전적으로 이 효소를 타고나지 못해 평생 붉은 색소를 버리지 못하고 다 자란 잎에도 간직한다. 이런 잎은 붉은빛을 반사하기 때문에 빛 에너지의 상당량을 잃는다. 남은 파란 색깔의 스펙트럼으로 광합성을 하면 되지만 초록 친구들에 비하면 그 양이 충분하지가 않다. 물론 이런 붉은 잎 나무들은 자연적으로도 발생한다. 하지만 초록 친구들보다 성장이 늦기 때문에 오래 살지 못한다. 그런데 특이한 것을 좇는 우리 인간들이 굳이 붉은 친구들을 찾아내 의도적으로 번식을 시킨다. 한쪽의 고통이 다른 쪽의 기쁨. 이렇게 요약할 수도 있을 행동이지만, 진실을 알게 된다면 다들 절로 이런 짓을 멈추지 않을까?

우리가 식물을 이해하기 힘든 이유는 또 있다. 나무는 정말 너무너무 느리다. 아동기와 유년기가 우리의 열 배나 되고 전체 수명도 최소 우리의 다섯 배는 된다. 잎이 피고 순이 자라는 등의 적극적 동작들은 한 번에 몇 주나 몇 달씩 걸린다. 따라서 우리 눈에는 나무가 돌처럼 온몸이 굳어 전혀 움직일 수 없는 존재처럼 보인다. 수관이 바람에 흔들리고 가지와 줄기가 이리저리 흔들리며 삐걱대는 것은 나무에게 부담스러운 수동적 시소 운동에 불과하다. 그러니 사람들이 나무를 물건처럼 대하는 것도 놀랄 일은 아니다. 하지만 알고 보면 껍질 밑에서 일어나는 몇 가지 일들은 우리의 상상 이상으로 빠른 속도로 진행된다. 예를 들어 물과 양분, 즉 '나무의 혈액'은 뿌리에서 잎까지 초당 최고 1센티미터의 속력으로 쉭쉭 올라간다.[54]

자연보호주의자들이나 산림경영지도원들조차 눈에 보이는 것만 믿고 착각에 빠질 때가 적지 않다. 인간은 '눈의 동물'답게 시각의 영향을 특히 많이 받는다. 따라서 우리가 사는 지역의 원시림은 왠지 음침하고 생물종도 빈약해 보인다. 현미경을 들이대면 다양한 동물들을 확인할 수 있겠지만 숲을 찾는 사람들이 현미경을 들고 다닐 리 만무하다. 새나 포유류 같은 덩치가 큰 종들은 맨눈으로도 볼 수 있지만 그것들은 아주 귀하다. 진짜 숲에서 사는 동물들은 조용하고 겁이 많기 때문이다. 그래서 우리 관리 구역을 찾은 사람들에게 오래된 너도밤나무 보호 구역을 안내해 주면 다들 왜 새 우는 소리가 안 들리느냐고 묻는다.

반면 노지에 사는 종들은 시끄럽고 우리 눈에 띄지 않으려는 노력을 별로 하지 않는다. 각자의 집 정원만 보아도 알 수 있다. 정원을 찾는 박새, 지빠귀, 물새는 금방 사람에게 적응을 해서 몇 미터 앞까지 다가온다. 숲의 나비들은 대부분 갈색과 회색이고 나무에 앉아 쉴 때에도 껍질로 위장한다. 하지만 노지에 사는 나비들은 화려하고 다채로운 색깔의 향연을 벌이기 때문에 도저히 못 보고 지나칠 수가 없다. 식물들도 다르지 않다. 숲의 식물 종들은 대부분 작고 서로 비슷비슷하게 생겼다. 몇백 종의 이끼들이 하나같이 다 너무 작아서 나조차도 누가 누구인지 헷갈릴 때가 많다. 많은 종의 지의류들도 마찬가지다. 그럼 스텝에 사는 식물들은 얼마나 눈에 잘 띌까? 키가 2미터까지 크는 화려한 디기탈리스, 노란 개쑥갓, 하늘색 물망

초…. 그런 화려한 색의 꽃을 보면 누군들 마음이 흔들리지 않겠는가? 그러니 놀랄 일이 아니다. 태풍으로 인해, 혹은 산림 경영을 이유로 숲을 벌채하여 만든 노지를 많은 자연보호주의자들이 열광적인 박수로 환영한다. 다들 숲이 사라지니 종의 다양성이 커졌다고 생각할 뿐, 아무도 상황의 심각성을 알아차리지 못한다. 뜨거운 햇볕을 받으며 행복해 할 소수의 노지 종을 위해 수백만의 작은 동물 종이 멸종당하지만 누구도 그들에게 관심을 보이지 않는다. 독일, 오스트리아, 스위스 생태 학회의 과학적 연구 역시, 숲 경영의 증가로 식물 다양성은 증가하였지만 그것이 근본적으로는 환영할 일이 아니라 자연 생태계의 교란 정도를 알려 주는 신호라는 결론을 내렸다.[55]

사슬에서 풀려나

지금처럼 주변 환경이 급변하는 시대에는 완전무결한 자연을 향한 동경도 커져 가는 법이다. 인구 밀도가 높은 중부 유럽에서 숲은 순결한 자연에서 영혼을 쉬고 싶은 사람들의 마지막 피난처다. 하지만 우리 곁에 이제 순결한 것은 없다. 지난 수백 년 동안 굶주림에 허덕이던 우리 조상들의 도끼와 쟁기 아래에서 원시림은 조용히 자취를 감추었다. 주거지와 경작지 말고도 나무만 심어 둔 큰 면적의 땅이 있기는 하지만 그것도 알고 보면 같은 종, 같은 나이의 나무들만 모아 놓은 농장에 불과하다. 그런 것을 숲이라 부를 수 없다는 사실은 그사이 정치권에서도 주제로 떠오른 문제다. 현재 독일 정당들에선 독일의 삼림 중 적어도 5퍼센트는 사람이 전혀 손을 대지 말고 가만히 내버려 두어야 한다는 여론이 지배적이다. 그래야 미래의 원시림을 키울 수 있을 테니 말이다. 5퍼센트라니, 열대 우림을 보호하지 않는다고 입만 열면 열대 국가들을 비난해 대는 우리로서는 부끄러울 만치 적은 숫자다. 하지만 적어도 시작은 할 수 있을 것이다. 현재 독일에서 사람이 전혀 손을 대지 못하는 보호 구역으로 지정된 삼림은 2퍼센트에 불과하지만 그것만 해도 2000 제곱킬로미터가 넘는다. 이 넓은 면적에서 마음껏 펼쳐지는 자연의 힘을 관찰할 수 있는 것이다. 세심하게 관리하는 자연 보호 구역과 달리 이곳은 그대로 두는 방치가 기본 원칙이고, 이를 전문 용어로 '과정 보호Prozessschutz'*라고 부른다. 자연은 항상 우리의 기대를 무참히 저버리므로, 이런 숲들도 절대 인간이 보기 좋은 모습으로 발전하지 않는다.

근본적으로 그러하므로 보호 구역이 인위적 균형에서 멀어질수록 원시림 복원도 급격하게 진행된다. 그 반대의 극단에 있는 것이 윤기가 좔좔 흐르는 경작지와 1주일에 한 번씩 깎아주어야 하는 각 가정의 잔디밭일 것이다. 우리 관사의 잔디밭

* 독일 산림생태학자 크누트 슈투름Knut Sturm이 주장한 자연 보호 전략으로, 최소의 개입을 원칙으로 한다.

에도 늘 참나무와 너도밤나무, 자작나무의 아기 나무 들이 어느 틈엔가 슬쩍 끼어들어 자리를 잡고 있다. 정기적으로 베어내지 않으면 불과 5년만 지나도 우리 잔디밭은 2미터 키의 어린 나무들이 드리운 그늘 때문에 말라 죽고 말 것이다.

숲이 원시림으로 되돌아가는 길에 특히 걸림돌이 되는 것이 가문비나무 농장과 소나무 농장들이다. 지정된 지 얼마 안 된 국립공원마다 그런 단일 수목 지역이 빼놓을 수 없는 단골 메뉴로 등장한다. 생태학적으로 훨씬 더 가치가 높은 활엽수림을 대부분의 사람들이 별로 좋아하지 않기 때문이다. 하긴 뭐, 그래도 상관은 없다. 미래의 원시림은 그런 단일 수종 농장에서도 기분 좋게 출발할 수 있다. 일단 사람이 손을 떼기만 하면 불과 몇 년 안에 급격한 변화가 감지될 테니 말이다. 곤충과 작은 나무좀들이 신나게 번식을 하며 퍼져 나갈 것이다. 줄을 맞추어 보기 좋게 서 있던 침엽수들은 고향보다 건조하고 따뜻한 기후 조건에서 그런 침략군에 저항할 수 없을 것이고, 결국 몇 주도 못 버티고 껍질을 다 뜯어 먹혀 죽고 말 것이다. 곤충 떼가 들불처럼 한때의 아름답던 숲을 지나가면 남는 것은 죽은 듯 앙상한 가지만 매단 황량한 나무들뿐이다. 남은 줄기라도 잘라 쓰고 싶은 동네 제재소 주인들의 심장이 벌렁거리는 시점이다. 이래 가지고서야 관광객이 찾아오겠느냐는 논리를 들이대며 한시바삐 숲으로 들어가고 싶어 안달을 낸다. 이해 못할 논리도 아니다. 아름다운 숲을 보고 싶어 찾아왔더니 건강한 초록은 어디 가고 온 산에 말라 죽은 나무들밖에 없다. 1995년부터 바이에른 국립공원에서만 50제곱킬로미터가 넘는 가문비나무 숲이 말라 죽었다. 공원 전체의 약 4분의 1에 해당하는 면적이다.[56] 숲을 찾은 사람들은 아무것도 심지 않은 황량한 노지보다 죽은 나무를 더 보기 힘들어한다. 대부분의 국립공원들이 그런 항변에 시달리다 결국 제재소에 나무를 팔았고 제재소는 나무좀을 박멸하기 위한 조처로 나무를 베어 숲 밖으로 실어 날랐다. 중대한 실수였다. 죽은 가문비나무와 소나무는 어린 활엽수 숲의 탄생을 돕는 조산원이다. 그것들의 죽은 몸통에 저장된 물은 뜨거운 여름날에도 대기를 참을 수 있을 정도로 서늘하게 만들어 준다. 쓰러진 줄기는 천혜의 울타리가 되어 노루나 사슴의 침입을 막아 준다. 덕분에 어린 참나무와 마가목, 너도밤나무가 노루에게 먹히지 않고 무사히 자랄 수 있다. 또 죽은 침엽수가 썩으면 값진 부식토가 된다. 그래도 이 정도로는 아직 원시림이라 부를 수준은 아니다. 아기 나무들에게 엄마 아빠가 없기 때문이다. 활엽수 아기들에게 너무 빨리 자라서는 안 된다고 야단을 치고, 위험을 막아 주며, 아기가 병이 든 경우 당분으로 영양을 보충해 줄 어른이 없다. 따라서 국립공원에 저절로 등장한 활엽수의 첫 세대는 거리의 아이처럼 자란다. 나무 종의 조합 역시 아직은 자연스럽지 못하다. 죽은 침엽수들이 세상을 떠나기 전 사력을 다해 씨앗을 흩뿌렸기 때문에 너도밤나무와 참나무, 실버전나무 사이에 가문비나무와 소나무, 더글러스 전나무가 섞여 자란다. 이쯤 되면 다시 사람들이 안달복달을 한다. 물론 맞는 말이다. 쓰러진 침엽수들을 잘라 내면 활엽수들이 조금이나마 더 빨리 자랄 수 있다. 하지만 활엽수의 첫 세대가 너무 빨리 자라 오래 살지 못하면 안정된 숲의 사회 조직도 훨씬 늦게 형성된다. 그 사실을 안다면 조금 더 느긋한 마음으로 나무들이 하는 대로 내버려 둘 수 있을 것이다. 함께 자라던 농장의 침엽수들은 늦어도 100년 후면 작별을 고한다. 활엽수 너머로 고개를 들이밀고 혼자 쭉쭉 자라다 보니 불어닥친 태풍에 버티지 못하고 쉽게 부러진다. 이렇게 생긴 틈을 이제 국립공원의 2세대 활엽수들이 정복해 나간다. 이들은 부모가 드리운 잎의 지붕 밑에서 편안하게 성장할 수 있다. 부모가 아직 고령은 아니지만 아이들의 성장을 늦추어 주기에는 충분한 나이이다. 그렇게 세월이 흘러 이 아이들이 은퇴할 나이가 되면 마침내 원시림은 안정과 균형을 찾게 될 것이고 그다음부터는 큰 변화 없이 꾸준히 그 상태를 유지할 것이다.

독일에서 국립공원이 조성된 지 어언 500년이 흘렀다. 산림

경영 차원에서 마구 베어 활용했던 고령 활엽수들을 보호하였더라면 이 정도 수준에 이르는 데 200년이면 충분했을 것이다. 어쨌든 지금도 곳곳에서 자연과 거리가 먼 숲이 보호 구역으로 지정되는 상황이므로 조금 더 많은 시간을 기다려 줄 줄 알아야 할 것이며 처음 몇십 년 동안 급격한 변화가 나타나더라도 흔들리지 말고 지켜보아야 할 것이다.

잦은 판단 실수의 원인 중 하나가 유럽 숲의 외관이다. 일반 사람들은 유럽의 숲이 잡목으로 뒤덮였다고, 그래서 저대로 두었다가는 사람이 들어가지도 못하는 수풀이 될 것이라고 생각한다. 지금은 그런대로 봐 줄 만하지만 저대로 두면 난장판이 될 것이라고 말이다. 하지만 100년 넘게 사람의 손길이 닿지 않은 보호 구역의 모습은 정반대다. 짙은 그늘로 잡목과 풀은 설 자리를 잃고, 숲의 땅은 (오래된 낙엽으로) 갈색으로 뒤덮인다. 어린 나무들은 너무나 느리게, 아주 꼿꼿하게 자라고, 옆가지는 짧고 가늘다. 사원의 기둥처럼 흠잡을 데 없는 줄기를 뽐내는 모범적인 늙은 나무들만 그득하다.

그와 달리 쉬지 않고 나무를 베어 내는 인공 숲엔 빛이 과도하게 많다. 풀과 잡목이 그 빛을 먹고 신나게 자라기 때문에, 잡목의 넝쿨이 발에 차여 도무지 걸어 다닐 수가 없다. 게다가 쓰러진 나무줄기의 수관들까지 드러누워 길을 가로막는다. 전체적으로 매우 불안하고 정돈되지 못한 이미지다. 이와 정반대로 원시림은 걸어 다니기가 정말 편하다. 걷다가, 죽어 바닥에 쓰러진 굵은 나무줄기가 보이면 자연이 준 벤치로 삼아 잠시 쉬어 갈 수도 있다. 물론 원시림의 나무들은 아주 오래 살기 때문에 그렇게 부러져 누운 줄기를 만나는 것도 드문 일이다. 그런 정도의 사건만 빼면 숲에서는 거의 아무 일도 일어나지 않는다. 한 인간이 평생을 사는 동안 이렇다 할 변화를 거의 느낄 수 없을 정도다. 따라서 인공 삼림에서 원시림으로 발전해 가는 보호 구역은 자연에게는 본연의 모습을, 인간에게는 편히 쉴 수 있는 안식처를 되돌려 줄 것이다.

그럼 안전은? 몇 달에 한 번꼴로 고령의 나무가 저지르는 사건 사고가 뉴스를 장식한다. 산책길을, 오두막을, 주차해 둔 자동차를 덮친 부러진 가지와 나무줄기…. 분명 그런 일이 일어나기도 한다. 하지만 인공 삼림의 위험성은 그보다 훨씬 더 높다. 폭풍 피해의 90퍼센트 이상이 불안한 농장에서 자라는 침엽수의 몫이다. 풍속이 시속 100킬로미터만 돼도 못 견디고 쓰러진다. 하지만 사람의 손길이 닿지 않는 오래된 활엽수 숲이 그런 태풍의 해를 입었다는 소리를 나는 한 번도 들어 본 적이 없다. 그러니 내가 외칠 수 있는 구호는 이것뿐이다. 조금만 더 용기를 내어 야생으로 돌아가자!

바이오 로봇

인간과 동물이 더불어 살아온 공생의 역사를 돌이켜 볼 때 특히 지난 몇십 년의 변화는 매우 긍정적이다. 물론 아직도 대량 사육과 동물 실험 등 잔혹한 형태의 동물 이용 실태가 완전히 사라진 것은 아니지만 어쨌든 동물 친구들의 감정과 권리를 인정하는 쪽으로 분위기가 바뀌고 있는 것도 사실이다. 독일만 해도 1990년 동물을 물건으로 취급하지 말자는 취지에서 민법의 동물지위개선법이 발효되었다. 아예 육식을 포기하거나 동물에게 고통을 주는 방식으로 생산된 물건을 구매하지 않는 사람의 숫자도 늘어나는 추세다. 대단히 바람직한 발전이라고 생각한다. 그사이 우리는 동물도 많은 부분에서 우리와 비슷하다는 사실을 알게 되었다. 친척뻘인 포유류만 그런 것이 아니라 초파리 같은 곤충들도 그러하다. 캘리포니아의 학자들은 초파리도 꿈을 꾼다는 사실을 밝혀냈다. 그래서 초파리에게 연민을 느껴야 할까? 아직 대부분의 사람들이 그 정도까지 공감 능력을 발휘할 수 있는 것은 아니다. 또 설사 그렇다고 해도 숲으로 가는 감성의 길은 아직 요원하기만 하다. 파리와 나무 사이엔 건널 수 없는 사고의 장벽이 놓여 있다. 나무는 뇌가 없고, 동작이 너무 굼뜬 데다 관심사도 전혀 다르고 정말 상상할 수도 없는 느린 속도로 일상을 살아간다. 그러니 나무가 생명체란 건 삼척동자도 다 아는 사실이지만, 또 모두가 별생각 없이 나무를 물건처럼 취급한다. 난로에서 신나게 타닥타닥 타는 장작은 알고 보면 불길에 사로잡힌 너도밤나무나 가문비나무의 시신이다. 지금 당신이 읽고 있는 이 책의 종이 역시 종이로 만들려고 쓰러뜨려(그래서 생명을 빼앗아) 잘게 조각낸 가문비나무와 자작나무다. 너무 지나친 말이라고? 난 그렇게 생각하지 않는다. 앞 장에서 내가 소개한 그 모든 사실들을 직접 눈으로 보고 확인한다면 돼지고기와 돼지가 하나이듯 종이와 나무도 하나라고 생각하게 될 것이다. 우리는 살아 있는 생명체를 우리 목적을 위해 죽이고 이용한다. 어떤 논리로도 미화할 수 없는 엄연한 사실이다. 하지만 우리의 그런 행동이 정말 비난받을 만한지는 또 다른 문제다. 우리도 결국엔 자연의 일부고 신체 구조상 다른 종의 유기물을 이용해야만 생존할 수 있다. 이런 필연성은 모든 동물과 우리가 공유하는 공통점이다. 문제는 다만 우리가 숲 생태계를 필요 이상으로 이용하는 것은 아닌지, 동물에게서와 마찬가지로 나무에게서도 불필요한 고통을 덜어줄 수는 없는지 하는 것이다. 나무에게도 나무에게 맞는 삶을 허용한다면 동물을 이용하듯 나무를 이용하는 것 역시 별문제가 안 될 것이다. 나무에게 맞는 삶이란, 나무가 사회적 욕구를 실현할 수 있고, 완벽한 흙을 갖춘 진짜 숲에서 성장할 수 있으며, 쌓은 지식을 다음 세대에게 물려줄 수 있다는 뜻이다. 적어도 일부나마 존엄하게 늙어 갈 수 있고 마침내 자연사를 할 수 있다는 뜻이다. 식량 생산에서 유기농이 차지하는 의미는 숲에서는 택벌*이 갖는 의미와 같다. 그렇게 하면 모든 연령과 크기의 나무가 사이좋게 뒤섞일 수 있고, 아기 나무들이 엄마들 틈에서 건강하게 자랄 수 있다. 간격을 두고 여기저기에서 한 그루씩 수확을 하고, 자동차 대신 말을 이용해 수확한 나무를 가까운 도로변으로 끌고 간다. 늙은 나무들에게도 권리를 부여하

---

* 나무를 선택하여 수확하는 것으로, 대부분 큰 나무를 벌채에 이용하고 그 자리에 다시 어린 나무가 자라게 하여 숲을 유지하는 특징이 있다.

는 차원에서 전체 면적의 5~10퍼센트까지는 자연 보호 구역으로 지정한다. 그런 숲의 나무는 걱정 없이 이용해도 좋다. 안타깝게도 현재 중부 유럽에서 실시되는 산림 경영의 95퍼센트는 정반대의 모습이어서 단일 수종의 농장에서 중기계를 이용하여 작업을 한다. 어떤 때 보면 산림 관계자들보다 오히려 일반인들이 더 변화의 필요성을 절감하는 것 같다. 공공 삼림의 경영에 개입하여 관청을 상대로 높은 수준의 환경 정책을 관철하는 사람들이 늘어나고 있으니 말이다. 대표적인 사례가 쾰른Köln 근처 '쾨니히스도르프 숲 친구들Waldfreunde Königsdorf'로, 산림청과 농림부를 중재하여 중기계 사용을 중단시키고 고령 활엽수의 벌목 금지 조치를 이끌어 냈다.[57] 스위스의 경우는 국가가 나서 모든 식물이 종에 적절한 삶을 살도록 배려한다. 연방 헌법에는 "동물, 식물, 다른 유기체를 대할 때는 생명의 존엄성을 유념해야 한다"라는 규정이 있다. 따라서 합리적인 이유 없이 길가의 꽃을 함부로 꺾는 행위는 허용되지 않는다. 이런 식의 관점이 아직 국제적인 동의를 얻지는 못했지만 나는 동물과 식물의 도덕적 경계를 허무는 이런 노력을 적극 환영한다. 식물의 능력과 감정과 욕구를 인정한다면 차츰 식물을 대하는 우리의 태도도 달라져야 할 것이다. 현대의 산림 경영은 숲을 주로 나무 공장이나 자재 창고로 취급한다. 수천 가지 생물종이 어울려 살아가는 복합적 생활 공간이기도 하지만 그건 그리 중요한 사실이 아니다. 그런 생각은 틀렸다. 그 많은 생물이 종에 적절한 삶을 살 수 있을 때 우리가 바라는 숲의 기능도 원활하게 돌아갈 수 있다. 지금 환경 보호 단체와 숲 이용자들 사이에서 불붙고 있는 토론과 쾨니히스도르프처럼 바람직한 활동들이 일구어 낸 성과를 보면서 나는 숲의 비밀스러운 삶이 앞으로도 계속될 것이며 우리의 후손들도 나무 사이를 거닐며 행복한 탄성을 지를 수 있을 것이라는 희망을 키운다. 충만한 생명, 따로 또 같이 살아가는 수십만 종의 생물, 생태계를 이루는 것은 바로 이들이다. 숲은 또 전 세계의 다른 자연 공간들과도 연결되어 있다. 일본 홋카이도 대학北海道大学의 해양화학자 마쓰나가 가쓰히코松永勝彦 교수는 낙엽에서 나온 산酸이 개울과 시내를 거쳐 바다로 흘러가 플랑크톤의 성장을 자극한다는 사실을 밝혀냈다. 플랑크톤은 먹이사슬의 가장 중요한 출발점이다. 그러니까 숲이 많으면 고기도 많이 잡힌다? 마쓰나가 가쓰히코는 해안가에 나무를 많이 심으라고 독려하였다. 실제 나무가 많으면 물고기와 굴의 어획량도 늘어난다.[58] 하지만 우리가 나무를 잘 돌봐야 하는 이유는 이런 물질적 이익만이 아니다. 보존할 가치가 있는 작은 수수께끼와 기적도 중요한 이유다. 잎의 지붕 밑에서는 매일 감동적인 드라마와 러브스토리가 펼쳐진다. 숲은 우리 집 대문 앞에 남은 마지막 자연이다. 아직 모험을 경험할 수 있고 비밀을 밝혀낼 수 있는 그런 자연이다. 누가 알겠는가? 어쩌면 어느 날 정말로 나무의 언어가 해독되어 믿기 힘든 놀라운 이야기들이 우리 눈앞에서 펼쳐질지. 그때까지는 상상의 나래를 마음껏 펼쳐도 좋다. 아마도 당신의 상상이 현실과 그리 멀지 않을 테니.

감사의 글

이렇게 나무 이야기를 할 수 있다는 것은 큰 선물이다. 조사하고 고민하고 관찰하고 추리하면서 매일 새로운 사실을 깨닫기 때문이다. 이 선물을 내게 준 아내 미리암에게 가장 먼저 감사 인사를 하고 싶다. 참을성 있게 내 이야기를 들어 주고 원고를 읽어 주고 고쳤으면 좋겠다고 생각하는 이런저런 지점을 짚어 주었으니 말이다. 또 나의 고용주 휨멜 조합이 없었다면 나는 이런 멋진 숲을 보호할 수 없었을 것이고, 그 숲을 거닐며 영감을 얻지도 못했을 것이다. 내 생각을 많은 독자들에게 전달할 수 있게 해 준 루트비히 출판사에도 감사한다. 그리고 누구보다도 나와 함께 나무의 비밀을 들추어 줄 사랑하는 독자 여러분에게 고개 숙여 감사 인사를 하고 싶다. 나무를 아는 사람만이 나무를 보호할 수 있는 법이다.

주

1. Anhäuser, M.: Der stumme Schrei der Limabohne, in: MaxPlanckForschung 3/2007, 64-65쪽.
2. 같은 곳.
3. http://www.deutschlandradiokultur.de/die-intelligenz-der-pflanzen.1067.de.html?dram:article_id=175633, abgerufen am 13.12.2014.
4. https://gluckspilze.com/faq, abgerufen am 14.10.2014.
5. http://www.deutschlandradiokultur.de/die-intelligenz-der-pflanzen.1067.de.html?dram:article_id=175633, abgerufen am 13.12.2014.
6. Gagliano, Monica, et al.: Towards understanding plant bioacoustics, in: Trends in plants science, Vol. 954, 1-3쪽.
7. Neue Studie zu Honigbienen und Weidenkätzchen, Universität Bayreuth, Pressemitteilung Nr. 098/2014 vom 23.05.2014.
8. http://www.rp-online.de/nrw/staedte/duesseldorf/pappelsamen-reizen-duesseldofr-aid-1.1134653, abgerufen am 24.12.2014.
9. "Lebenskünstler Baum", Script zur Sendereihe "Quarks & Co", WDR, 13쪽, Mai 2004, Köln.
10. http://www.ds.mpg.de/139253/05, abgerufen am 9.12.2014.
11. http://www.news.uwa.edu.au/201401156399/research/move-over-elephants-mimosas-have-memories-too, abgerufen am 08.10.2014.
12. http://www.zeit.de/2014/24/pflanzenkommunikation-bioakustik.
13. http://www.wsl.ch/medien/presse/pm_040924_DE, abgerufen am 18.12.2014.

14. http://www.planet-wissen.de/natur_technik/pilze/gift_und_speisepilze/wissensfrage_groesste_lebewesen.jsp, agberufen am 18.12.2014.
15. Nehls, U.: Sugar Uptake and Channeling into Trehalose Metabolism in Poplar Ectomycorrhizae, Dissertation vom 27.04.2011, Universität Tübingen.
16. http://www.scinexx.de/wissen-aktuell-7702-2008-01-23.html, abgerufen am 13.10.2014.
17. http://www.wissenchaft.de/archiv/-/journal_content/56/12054/1212884/Pilz-t%C3%B6tet-Kleintiere-um-Baum-zu-bewirten/, abgerufen am 17.02.2015.
18. http://www.chemgapedia.de/vsengine/vlu/vsc/de/ch/8/bc/vlu/transport/wassertransp.vlu/Page/vsc/de/ch/8/bc/transport/wassertransp3.vscml.html, abgerufen am 9.12.2014.
19. Steppe, K., et al.: Low-decibel ultrasonic acoustic emissions are temperature-induced and probably have no biotic origin, in: New Phytologist 2009, Nr. 183, 928-931쪽.
20. http://www.br-online.de/kinder/fragen-verstehen/wissen/2005/01193/, abgerufen am 18.03.2015.
21. Lindo, Zoë, und Whiteley, Jonathan A.: Old trees contribute bioavailable nitrogen through canopy bryophytes, in: Plant and Soil, Mai 2011, 141-148쪽.
22. Walentowski, Helge: Weltältester Baum in Schweden entdeckt, in: LWF aktuell, 65/2008, 56쪽, München.
23. Hollricher, Karin: Dumm wie Bohnenstroh?, in: Laborjournal 10/2005, 22-26쪽.
24. http://www.spektrum.de/news/aufbruch-in-den-ozean/1025043, abgerufen am 9.12.2014.
25. http://www.desertifikation.de/fakten_degradation.html, abgerufen am 30.11.2014.
26. Mündlich Dipl.-Biol.Klara Krämer, RWTH Aachen University, 26.11.2014.
27. Fichtner, A., et al.: Effects of anthropogenic disturbances on soil microbial communities in oak forests persist for more than 100 years, in: Soil Biology and Biochemistry, Band 70, März 2014, 79-87쪽, Kiel.

28. Mühlbauer, Markus Johann: Klimageschichte. Seminarbeitrag Seminar: Wetter und Klima WS 2012/13, S. 10, Universität Regensburg.
29. Mihatsch, A.: Neue Studie: Bäume sind die besten Kohlendioxidspeicher, in: Pressemitteilung 008/2014, Universität Leipzig, 16.1.2014.
30. Zimmermann, L., et al.: Wasserverbrauch von Wäldern, in: LWF aktuell, 66/2008, 16쪽.
31. Makarieva, A.M., Gorshkov, V.G.: Biotic pump of atmospheric moisture as driver of the hydrological cycle on land. Hydrology and Earth System Sciences Discussions, Copernicus Publications, 2007, 11 (2), 1013-1033쪽.
32. Adam, D.: Chemical released by trees can help cool planet, scientists find, in: The Guardian, 31.10.2008, http://www.theguardian.com/environment/2008/oct/31/forests-climatechange, abgerufen am 30.12.2014.
33. http://www.deutschlandfunk.de/pilze-heimliche-helfershelfer-des-borkenkaefers.676.de.html?dram:article_id=298258, abgerufen am 27.12.2014.
34. Möller, G. (2006): Großhöhlen als Zentren der Biodiversität, http://biotopholz.de/media/download_gallery/Grosshoehlen_-_Biodiversitaet.pdf, abgerufen am 27.12.2014.
35. Großner, Martin, et al.: Wie viele Arten leben auf der ältesten Tanne des Bayerischen Walds, in: AFZ-Der Wald, Nr. 4/2009, 164-165쪽.
36. Möller, G. (2006): Großhöhlen als Zentren der Biodiversität, http://biotopholz.de/media/download_gallery/Grosshoehlen_-_Biodiversitaet.pdf, abgerufen am 27.12.2014.
37. http://www.totholz.ch, abgerufen am 12.12.2014.
38. http://www.wetterauer-zeitung.de/Home/Stadt/Uebersicht/Artikel,-Der-Wind-traegt-am-Laubfall-keine-Schuld-_arid,64488_regid,3_puid,1_pageid,113.html.
39. http://tecfaetu.unige.ch/perso/staf/notari/arbeitsbl_liestal/botanik/laubblatt_anatomie_i.pdf.
40. Claessens, H. (1990): L'aulne glutineux (Alnus glutinosa): une essence forestière

oubliée, in: Silva belgica 97, 25-33쪽.

41. Laube, J., et al.: Chilling outweighs photoperiod in preventing precocious spring development. In: Global Change Biology (online 30. Oktober 2013).
42. http://www.nationalgeographic.de/aktuelles/woher-wissen-die-pflanzen-wann-es-fruehling-wird, abgerufen am 24.11.2014.
43. Richter, Christoph: Phytonzidforschung—ein Beitrag zur Ressourcenfrage, in: Hercynia N.F., Leipzig 24 (1987) 1, 95-106쪽.
44. Cherubini, P., et al. (2002): Tree-life history prior to death: two fungal root pathogens affect tree-ring growth differently. —J. Ecol. 90: 839-850.
45. Stützel, T., et al.: Wurzeleinwuchs in Abwasserleitungen und Kanäle, Studie der Ruhr-Universität Bochum, Gelsenkirchen, 31-35쪽, Juli 2004.
46. Sobczyk, T.: Der Eichenprozessionsspinner in Deutschland, BfN-Skripten 365, Bonn-Bad Godesberg, Mai 2014.
47. Ebeling, Sandra, et al.: From a Traditional Medicinal Plant to a Rational Drug: Understanding the Clinically Proven Wound Healing Efficacy of Birch Bark Extract. In: PLoS One 9(1), 22. Januar 2014.
48. USDA Forest Service: http://www.fs.usda.gov/detail/fishlake/home/?cid=STELPRDB5393641, abgerufen am 23.12.2014.
49. Meister, G.: Die Tanne, S. 2, herausgegeben von der Schutzgemeinschaft Deutscher Wald (SDW), Bonn.
50. Finkeldey, Reiner, u. Hattermer, Hans H.: Genetische Variation in Wäldern—wo stehen wir?, in: Forstarchiv 81, 123-128쪽, M. & H. Schaper GmbH, Juli 2010.
51. Harmuth, Frank, et. al.: Der sächsische Wald im Dienst der Allgemeinheit, Staatsbetrieb Sachsenforst, 2003, 33쪽.
52. v. Haller, A.: Lebenswichtig aber unerkannt. Verlag Boden und Gesundheit, Langenburg 1980.
53. Lee, Jee-Yon, und Lee, Duk-Chul: Cardiac and pulmonary benefits of forest walking versus city walking in elderly women: A randomised, controlled, open-

label trial, in: European Journal of Integrative Medicine 6 (2014), 5-11쪽.

54. http://www.wilhelmshaven.de/botanischergarten/infoblaetter/wassertransport.pdf, abgerufen am 21.11.2014.
55. Boch, S., et al.: High plant species richness indicates management-related disturbances rather than the conservation status of forests, in: Basic and Applied Ecology 14 (2013), 496-505쪽.
56. http://www.br.de/themen/wissen/nationalpark-bayerischer-wald104.html, abgerufen am 09.11.2014.
57. http://www.waldfreunde-koenigsdorf.de, abgerufen am 07.12.2014.
58. Robbins, J.: Why trees matter, in: The New York Times, 11.04.2012, http://www/nytimes.com/2012/04/12/opinion/why-trees-matter.hmtl?_r=1&, abgerufen am 30.12.2014.

나무 수업 따로 또 같이 살기를 배우다

초판 1쇄 발행 2016년 3월 10일
초판 15쇄 발행 2023년 12월 20일

지은이 페터 볼레벤
옮긴이 장혜경
펴낸이 이승현

출판2 본부장 박태근
지적인 독자 팀장 송두나
디자인 이석운, 김미연
본문 일러스트 홍지흔

펴낸곳 ㈜위즈덤하우스 **출판등록** 2000년 5월 23일 제13-1071호
주소 서울특별시 마포구 양화로 19 합정오피스빌딩 17층
전화 02) 2179-5600 **홈페이지** www.wisdomhouse.co.kr

ISBN 979-11-86940-07-5 03400